人にやさしい都市（まち）づくり

―環境先進国の取り組み―

長谷川三雄

八千代出版

はしがき

戦後、ドイツ、スウェーデン、デンマークをはじめとするヨーロッパと北欧諸国は、高度な福祉国家を構築し、国民が安心して生活できる社会を実現してきた。

福祉国家は現在の福祉のレベルを、将来も最低限維持することに関心を寄せている。将来の福祉のレベルに負の影響を与える可能性が生じた時は、予防原則に基づいて、速やかにその可能性を除去している。

予防原則は環境行政にも適用することができる。例えば、自然環境に変化が生じた時は、速やかに原因究明をおこない、被害が軽微なうちに、原因を除去することが重要である。

予防原則は福祉国家と環境先進国を構築し、維持していく上での基本的な概念である。予防原則は予防対策とその実行に取り組むことで、将来の経済的損失を少なくするメリットがある。福祉国家は予防原則に基づいて「緑の福祉国家」、すなわち、環境先進国への歩みを推進してきた。

スウェーデンのカルマルで稼働しているドラーケン地域熱供給施設は、環境税が導入される以前に、環境意識の高い多くの顧客から、エネルギー源を環境に負荷を与える化石燃料から脱却し、再生可能エネルギーに転換するよう要望を受けていた。ドラーケン地域熱供給施設は、顧客の要望を実践したことが、経営的に採算が取れ利益を得た大きな要因であると認識している。また、再生可能エネルギーを使用することで二酸化炭素を削減し、環境税も課税されないために、燃料コストを削減して経済的利益を得ている。

持続可能な発展は、エコロジーだけでは不十分であり、社会的問題と経済的問題を含める必要がある。すなわち、社会的に上手く機能しなければならないし、経済的にも利益を得なければならない。

ライフスタイルに根付いている無理のないエコロジーは、重要なキーワードである。環境保全に取り組む際、無理をしたり我慢することは避けなければならない。環境保全の取り組みは、意識しないで成果を挙げたり楽しむことが重要であり、成果が出たら皆でお祝いすることも必要である。

再生可能エネルギーは、地球温暖化（気候変動）を防止するために、温室効果ガスである二酸化炭素の排出量削減の切り札として位置付けられている。しかし、バックアップ電源のエネルギー源によっては、二酸化炭素の排出量増加に影響を与えることも考慮する必要がある。

再生可能エネルギーで発電した電力は、固定価格買取制度により電力会社の経済的負担が大きくなる。しかし、再生可能エネルギー法は、電力会社が買電コストを賦課金として電気料金に上乗せし、消費者から徴収することを認めている。賦課金は経済的弱者に負担をかけ、一方で再生可能エネルギーのソーラー発電施設や風力発電施設を設置したり投資している比較的裕福な人たちに、固定価格買取制度による賦課金が流入する「富の不公平」が生じている。

予防原則に基づいて福祉国家と環境先進国を構築したドイツ、スウェーデン、デンマークの「人にやさしい都市（まち）づくり」を学ぶことは、環境問題に関心を持つ多くの人たちに有意義な示唆を含んでいる。

本書により、予防原則の導入が遅れているわが国でも、予防原則の重要性を理解する人が少しでも増えることを願っている。

本書の企画・編集においては八千代出版の森口恵美子氏と井上貴文氏に大変お世話になった。ここに記して関係諸氏に感謝申し上げる次第である。

2016年12月1日
長谷川　三雄

目　次

Ⅱ部　スウェーデン

Ⅲ部　デンマーク

I部

ドイツ

1章

ヴォーバン地区の持続可能な街づくり

ドイツの南西部に位置し、フランスとスイスの国境に近い、人口20万8000人のフライブルクは、1992年にドイツ環境援助基金が主催し、ドイツ環境自然保護連盟BUND、ドイツ自然保護連盟NABUなどが共催で実施した自治体コンテストで優勝し、「自然・環境保護における連邦首都（環境首都）」に選ばれている[1)]。

自治体コンテストは、自治体が顕著な成果を挙げている環境政策を公開することを目的として、1989年から1998年までの10年間にわたって実施された。その後は大多数の自治体が環境首都の要件を満足する状況になったため、当初の目的を達成したと判断され終了した。

フライブルクは1996年に、省エネルギー効果の大きい省エネライトの引換券を全世帯へ配布するキャンペーン「マイスターランプがやってくる」を展開し、市民の環境意識の啓発に顕著な成果を挙げている。

フライブルクと市民グループのフォーラム・ヴォーバンは、フライブルクの中心市街地から南へ3 kmに位置するヴォーバン地区で、持続可能な街づくりをフレーズとした環境共生団地を建設した。ヴォーバン地区では、プラスエネルギーハウスであるパッシブハウスを建設している。

パッシブハウスは低エネルギー化を推進し、再生可能エネルギーである太陽エネルギーを最大限に利用することで、自宅で消費するエネルギーよりも生産するエネルギーが多いプラスエネルギーハウスである。

フライブルクはドイツで最も日照時間が長い地域にあり、ソーラー都市と呼ばれている。フライブルクの中央駅前には、2棟のソーラータワーが建っており、また、バーデノバ・サッカースタジアムの屋根には、市民分譲型のソーラー発電施設を設置している。

1　ヴォーバン地区の歴史

ドイツはヴォーバン地区の農地を接収して基地の建設に着手し、1938年に完成した。ドイツは1945年に第二次世界大戦の敗戦を迎え、ドイツ軍が使用していたヴォーバン地区の基地は、占領軍として進駐してきたフランス軍が使用するようになった。

1989年にベルリンの壁が崩壊し、東西ドイツが統合されたことによって、フランス軍は撤退した。1992年に38 haの面積を有するフランス軍基地の跡地はドイツへ返還された後、フライブルクが払い下げを受けた。

当時のフライブルクは住宅難が深刻化し、アパートは家賃が高騰し社会問題になっていた時期であり、学生たちを中心とした市民は、フランス軍の旧兵舎を家賃の安いアパートに利用することを主張した。

既存の旧兵舎を改修してアパートに利用するか、それとも、旧兵舎を解体した後でアパートを新築するかの判断は、両者のエネルギー消費量を比較して決定された。古い住宅は改修しないと、暖房用のエネルギー消費量が大きくなる。新築住宅は十分な断熱工事を施すので、エネルギー消費量は少なくて済む。

古い住宅と新築住宅のエネルギー消費量を比較する場合、暖房に用いるエネルギー消費量を含む住宅内の全エネルギー消費量を計算するだけでは不十分である。それには新築住宅を建設する際に消費するエネルギーや、建材に関係するエネルギーを総合的に判断する必要がある。古い住宅を改修して利用する場合のエネルギー消費量と、古い住宅を解体した後で新築住宅を建設する場合のエネルギー消費量は、ほとんど同じことが分かった。

ヴォーバン地区の旧兵舎は解体しないで、外側に断熱材を取り付ける改修工事がおこなわれた。その結果、改修した旧兵舎で消費されるエネルギーは、新築の低エネルギーハウスと比較して、ほとんど同じ値を示した。ヴォーバン地区が選択した改修工事は、新しい建材を使わない分だけ、エネルギー消費量を抑制することができた。

2　ヴォーバン地区の街づくり

ヴォーバン地区を持続可能なエコ住宅地にしたいと希望する市民は、1994年に市民グループのフォーラム・ヴォーバンを設立した。

ヴォーバン地区を再開発するような大規模な都市計画を実施する際は、住民説明会の開催が義務付けられている。ドイツ国内で実施した大規模な都市計画の場合は、形式的な住民説明会を2回ほど開催するのが一般的である。すなわち、行政は住民説明会を開催して、プロジェクトやプランの概略を説明することによって、責任を果たしたと判断していた。

ヴォーバン地区では、フライブルクが形式的な住民説明会を開催しようとしたが、フォーラム・ヴォーバンの人たちは、企画設計の段階から積極的に市民参加することによって、ヴォーバン地区の持続可能な街づくりを推進しようと考えた。そのため、フライブルクは形式的な住民説明会ではなく、市民の真剣な意見を集約するための住民説明会を開催し、ヴォーバン地区の再開発に取り組んだ。このような経緯を経て、フライブルクとフォーラム・ヴォーバンは好ましいパートナーシップを確立した。

フライブルクとフォーラム・ヴォーバンの協力体制から生まれた取り組みの一つは、ヴォーバン地区に建設する住宅を、低エネルギーハウスにすることであった。

ヴォーバン地区の人口は約6000人である。ヴォーバン地区の大部分の住宅は分譲住宅である。誰でも住宅の購入を申し込むことができる。住宅を購入する際は、ポイントシステムが導入された。ヴォーバン地区の再開発をおこなう当初の目的は、フライブルクの住宅難を解消するために、市民をヴォーバン地区へ呼び寄せることであった。したがって、フライブルクの市民で、ヴォーバン地区に移りたいと希望する人にはポイントが付く。また、子供のいる家庭にもポイントが付く。高齢者や、人々が共同して建設グループを立ち上げるコーポラティブハウスの場合は、ポイントが増える。プラスエネルギーハウスであるパッシブハウスを建設する場合は、さらにポイントが加算される。

ポイントシステムを導入したため、第一期工事と第二期工事で建設した住宅の大部分は、プライベートな共同建築グループによるコーポラティブハウスが占めている。

道路を隔てて建っている4階建ての集合住宅は、3階部分と4階部分に渡り廊下を架け、住民がお互いに移動しやすいように利便性を備えている（写真1–1）。

ヴォーバン地区には、コンセプトの異なる幅30mのグリーン地帯が5ヶ所に造られている（写真1–2・写真1–3）。これも住民参加の成果の一つである。フライブルクは個々のグリーン地帯について、住民に10万ユーロの資金を提供し、住民がアイデアを出し合ってデザインした。

グリーン地帯の一つには、遊び道具が置いていない代わりに、パン焼き釜がある（写真1–4）。パン焼き釜を毎日使用すると、近所の人たちが迷惑するので、使用細則を定め、2週間毎に使用するようにしている。パン焼き釜の管理人が2人いて、薪が十分にあるか、特定の個人が頻繁に使用していない

写真1–1

道路を隔てた2棟の建物の3階部分と4階部分に渡り廊下を設けている。3階と4階の居住者は、1階へ降りなくても移動ができるため、快適で良好な近所付き合いを可能にしている。

写真 1-2

家族でくつろげるように、ベンチや遊具が置いてあるグリーン地帯。

写真 1-3

遊具がほとんどない、広場のようなグリーン地帯。

か、すなわち、住民が平等に使用しているかどうかをチェックしている。

集合住宅からグリーン地帯へ通じる細い道路には、砂利が敷かれている。周辺の住民は、道路をアスファルトで舗装したくないと考えた。道路をアスファルトで舗装する主な目的は、雨天の日に路面がぬかるんで歩きづらくなるのを避けるためである。住民は雨降りの日に外で遊ぶ人が少ないと考えて、道路をアスファルトにしないで、砂利を敷くことを選択した。アスファルト

写真 1-4

グリーン地帯の一角に造られたパン焼き釜。

写真 1-5

根の強い樹木と枝ぶりのきれいな樹木を接ぎ木している。接ぎ木した樹木は、市内の街路樹にも多い。

で舗装する費用がかからないため、その分の費用は遊び場を整備するために流用した。

分譲住宅を建設する時は、昔から生えている古い樹木を残した。幹の途中から太さの違う樹木が植わっている（写真1-5）。これは接ぎ木をした樹木である。上の方の木は枝をきれいに伸ばす樹木で、下の方の木は根の強い樹木である。

オーガニックのパンや野菜を販売する、会員制のエコ・スーパーマーケットが営業している。一般の人も購入できるが、会員は一般の人よりも安い会員価格で商品を購入できるシステムになっている。これは住民に安全で安心できるオーガニック商品を普及させるためのシステムである。

フライブルクはヴォーバン地区に限らず、できるだけ雨水を下水道に流さないようにしている。雨水を集めるために溝を掘り、集めた雨水は時間をかけてゆっくりと地下へ浸透させている。雨水を地下に浸透させることは、地下水の水位が下がらないため、地域にとってもやさしい環境的配慮になる。

ヴォーバン地区の東西に通じるメインストリート「ヴォーバンアレー」から脇へ入った住宅地は、自動車が見当たらないで静かな落ち着いた雰囲気に包まれている。

3　パッシブハウス

パッシブハウスの条件

パッシブハウスは、性能認定基準を満たした建物である。性能認定基準の一つは冷暖房負荷で、居住面積 1 m^2 当たり年間で 15 kWh 以下に規定している。パッシブハウスの多くは、ソーラー発電施設を設置しており、住宅で消費するエネルギーよりも多くの電力を発電する、プラスエネルギーハウスである。

パッシブハウスには、5つの重要な条件がある[2)]。

第一の条件は、住宅を日当たりの良い南向きに建設することである。これは太陽エネルギーをパッシブな形で最大限に利用するためである。

第二の条件は、太陽エネルギーをできるだけ室内に取り入れるため、南側に大きな窓を設けることである。

第三の条件は、建物の断熱を確実にすることである。外壁の厚さは 40 cm あり、その中に羊毛を用いた厚さ 24 cm の断熱材が入っている。断熱効果を高めるために、窓ガラスはトリプルガラスを使用し、住宅の北側は窓を小さくしている。また、屋根にはソーラー発電施設を設置したり、断熱効果を高めるために屋上緑化をしている。

第四の条件は、空気の排気と吸気である。寒い冬に室内の汚れた暖かい空気を排気する際は、熱交換器で空気が蓄えている熱を回収し、回収した熱を利用して屋外から取り入れた新鮮で冷たい空気を暖めている。

第五の条件は、人が住むことである。料理を作ると熱が発生する。照明器具は光とともに発熱もする。人間一人当たり約100 Wの熱を放出する。

パッシブハウス

ヴォーバン地区には、1999年にドイツで最初に建設された集合住宅のパッシブハウスがある（写真1-6）。4階建ての建物で、20世帯が暮らしている。住民の一人であるアンドレアス・デレスケ氏の自宅は3階部分の一番西側にある。自宅の広さは90 m^2あり、家族3人で暮らしている。

夏は日差しが強くなるため、2階のベランダ部分が日陰を作る。大きな窓のある南側に面した庭には、グリーンカーテンの役割を果たす落葉広葉樹が植えられている。夏は葉が生い茂り、太陽の強い日差しを遮り、日陰を作る。冬は葉を落とし、夏に比べて弱くなった太陽光を窓から室内に取り入れている。

デレスケ氏の自宅で1年間に支払ったガス料金は、僅か114ユーロに過ぎない。これは一般家庭の1ヶ月分のガス料金に相当する金額である。

集合住宅をパッシブハウスで新築するコストは、一般の集合住宅に比べて、7％の負担増になる。この7％の負担増をプラスマイナスゼロにするには、条件にもよるが、約10年から20年で可能になる。

デレスケ氏はパッシブハウスの集合住宅を建設する際に、コストの見積り

写真1-6

ドイツで最初に建設された集合住宅のパッシブハウス。日差しの強い日は、上の階のベランダが日陰を作る。左側にグリーンカーテンの役割を果たす落葉広葉樹が植えられている。

をした。現在は当時に比べて、天然ガスの価格が40％値上がりしている。したがって、7％の建設コストの負担増は、10年でプラスマイナスゼロになる。

空気の排気と吸気を通して、室内の空気を入れ替えている。冬の季節は、室内で暖まり汚れた空気を強制換気で屋外へ排気している。その際、汚れた空気が蓄えている熱を熱交換器で回収する。熱交換器で回収した熱は、屋外から新鮮で冷たい空気が入ってくる時に、その空気を暖めるために利用している。排気した空気が蓄えていた熱の80％は、吸気した空気を暖めるために利用している。そして、暖かくなったきれいな空気を、室内に取り入れている。

室内の空気の入れ替えは、完全におこなう。寒い冬の季節も、家の中は暖かい新鮮な空気で溢れている。夏は窓を開けて、自然通風で空気を入れ替える。

室内の空気を入れ替えるための設備や、熱交換器の技術を導入すると、一般住宅よりもメンテナンスに費用がかかる。しかし、省エネルギーの技術を導入して、エネルギー消費量を抑制しているため、メンテナンスの費用は十分に賄える。

屋上には、ソーラー発電施設と太陽熱温水器を設置している。電気でお湯を沸かすのはエネルギー効率が低いため、太陽エネルギーを利用してお湯を沸かしている。

デレスケ氏の自宅のトイレは、飛行機と同じ真空式を導入している。一般家庭のトイレは一回当たり6Lの水を使用するが、デレスケ氏の自宅のトイレは1リッルの水で十分である。

最新型パッシブハウス

ヴォーバン地区に隣接して、50世帯の最新型パッシブハウスが連なるソーラー団地が建設された（写真1-7・写真1-8）。最新型のパッシブハウスは、ヘリオトロープ（ギリシャ語で「太陽に向く」という意味）の設計者として、また、エコ建築家として有名なロルフ・ディッシュ氏が建設に係わっている。

屋根に設置しているソーラー発電施設は、最新型のものを使用している。

写真 1-7

最新型パッシブハウス。屋外には世帯毎に大きな物置を設置している。

写真 1-8

ビルの屋上に建つパッシブハウス。

屋根の全面は、硬質ガラスを用いたソーラー発電施設で覆われており、デザイン的にも優れている。ソーラー発電施設で発電した電力は、全て電力会社へ売電しており、屋根の面積に応じて、一世帯当たり毎月 200 ユーロから 300 ユーロの売電収入を得ている。

建材はエコ建材で、断熱効果の高い無垢の木材を使用している。合板は化学物質を含む合成接着剤を用いているので、建材には使用していない。塗料は人の健康に有害な影響を与えないように、自然でエコロジカルな塗料を使用している。

窓ガラスの構造は、断熱効果の高いトリプルガラスを使用している。建物の外観は、長屋のように見えるが、室内はとても快適な居住空間が保たれている。

4　再生可能エネルギー法

ドイツは2000年4月に再生可能エネルギー法EEGを施行し、固定価格買取制度FITを規定した。再生可能エネルギーで発電した電力は、固定価格買取制度により電力会社に対して20年間にわたり、同じ価格で買電することを義務付ける法律である。買電価格はエネルギー源毎に、施設の最大出力や稼働年数および稼働時期に応じて規定している。

再生可能エネルギー源は次の5種類である。

1）水力発電・廃棄物ガス発電・汚泥ガス発電

2）バイオマス発電

3）地熱発電

4）風力発電

5）ソーラー発電

ソーラー発電で発電した電力の買電価格は、1kW当たり50セントである。フライブルクのソーラー発電の発電コストは、35セントである。したがって、1kW当たりの利益は15セントである。発電コストは地域により条件が異なる。例えば、ベルリンの発電コストは40セントである。

ソーラー発電を設置し、発電した電力を売電しないで、個人で消費するドイツ人は、送電線から離れているところで電力を自給自足する農家を除くと、ほとんどいない。

再生可能エネルギー法の施行により、フライブルクでソーラー発電施設を設置している市民は、発電した電力の全てを電力会社へ1kW当たり50セントで売電し、自宅で消費する電力は電力会社から1kW当たり19セントで買電している。

再生可能エネルギー法は、電力会社に対して、買電コストを電気料金に上乗せして徴収する賦課金を認めている。すなわち、買電コストは消費者が負担している。

5 コジェネレーション

コジェネレーションは、発電すると同時に、温水も利用する。すなわち、エネルギー効率を高める熱電併給装置である。居住者が使用している小型のコジェネレーションの出力は、電力出力が5.5 kW、発熱出力が12 kWである。

各家庭は年間を通じて、台所やシャワーで温水を使用しており、コジェネレーションで沸かした温水と屋根に設置した太陽熱温水器で沸かした温水の両方を、熱供給システムで各家庭へ給湯しており、全ての熱エネルギーを賄っている。寒い冬の季節は、各家庭で温水暖房を使用するため、その分の温水供給、すなわち、熱の供給が増える。

小型のコジェネレーションは、1棟20世帯で利用している。ここではコジェネレーションを稼動して、年間に必要な電力の60％を発電しているが、不足する40％の電力は、電力会社バーデノバから買電している。電力が不足する時は、個々の家庭が電力会社から買電するのではなく、1棟20世帯のグループとして買電している。

現在、コジェネレーションで使用する燃料は天然ガスである。天然ガスは化石燃料のため、風力発電やソーラー発電などの再生可能エネルギーと異なり、再生可能エネルギー法では電力の買電価格を規定していない。

そのため、天然ガスを使用するコジェネレーションで発電した電力は、電力会社の買電価格が1 kW当たり5セントと安価なため、その電力を各家庭で消費した後、余剰電力が生じた場合は電力会社へ売電している。

市民が電力会社から買電する価格は1 kW当たり19セントである。電力会社は5セントで買電して、19セントで売電している。コジェネレーションの発電コストは12セントであるから、5セントで売電するのは矛盾している。

天然ガスは化石燃料であるが、天然ガスを燃料に使用するコジェネレーションは、再生可能エネルギーに100％移行する過渡期の重要な技術である。

ドイツ国内でコジェネレーションを設置すると、国内で消費するエネルギーの半分を賄うことができるが、現状は様々な要因によって、コジェネレーションの普及が思うように進んでいない。

6　交通コンセプト

ヴォーバン地区には、フライブルクとフォーラム・ヴォーバンが築き上げた、独特の交通コンセプトがある。

ヴォーバン地区は、きわめて僅かであるが住宅の前に駐車場が付いている住宅地がある。しかし、大部分の住宅地には駐車場がない。このように、住宅の前に自動車が駐車しない環境を、街づくり基本構想の一つにしている。ヴォーバン地区はカーフリー住宅ではないため、駐車場のない住宅を購入した住民の中には自動車を保有している人もいる。その人たちはヴォーバン地区のはずれに2棟ある4階建ての共同立体駐車場を購入している。

ヴォーバン地区の東西に通じるメインストリート「ヴォーバンアレー」の最高速度は、時速30 kmである。ヴォーバンアレーから住宅地へ入る道路は、自動車の通り抜けを防ぎ、住民の自動車だけが必要な時に通行する、クルドザック型道路になっている。この道路は「遊びの道路」と呼ばれており、遊んでいる子供たち、歩行者、自転車、そして自動車が同じ権利を持っているため、自動車の速度制限は、歩行速度が義務付けられている（写真1–9）。

ヴォーバンアレーから脇へ入る道路に沿った住宅地は、自宅の前に駐車場がないカーポートフリーになっている。自動車を家の前に停車することができるのは、自動車から荷物を降ろす時、あるいは、自動車に荷物を積む時だけである。その作業が終わると、すぐに自動車を移動させなければならない。自宅の前に、いつまでも自動車を駐車することはできない。

フライブルク市民の40％、そして、ヴォーバン地区に住んでいる住民の

写真 1-9

「遊びの道路」の道路標識。「歩行速度」の表示をしている。

60％から80％は、自動車を保有しない人たちである。

ヴォーバン地区では、2006年4月29日に路面電車が開通した。路面電車は7分30秒間隔で運行している。路面電車の停留所は、住民が路面電車を利用しやすいように、住宅に近い場所に設置されている。

フライブルクが取り組んでいる交通政策の特徴の一つは、1991年に導入された地域環境定期券レギオカルテである。フライブルク地域交通連合RVFは、フライブルクおよび隣接するエンディンゲン郡とブライスガウホッホ・シュバルツヴァルト郡の1市2郡からなるフライブルク都市圏を走る全ての路面電車、バス、ドイツ鉄道DBの総延長2900kmの公共交通機関を利用できる、安価で利便性の高いレギオカルテを運営している。ヴォーバン地区の住民はレギオカルテによって、自動車を持たなくても公共交通機関の路面電車やバスを利用して、快適に暮らせる住環境を整備している。

1枚のレギオカルテがあると、日曜日と祝日には大人2人と子供4人が無料で乗車できるサービスがある。また、学割や年間レギオカルテ購入者への割引制度がある。

レギオカルテが安価な理由は、市民に対して環境にやさしい公共交通機関の利用を促し、交通渋滞を緩和するために、政府と関係する自治体が補助金を拠出しているからである。ドイツで最も自転車にやさしいミュンスターは、同様にミュンスターカルテを導入しているが、レギオカルテに比べて補助金が少ないため、ミュンスターカルテの価格は若干高額である。

フライブルクは当初、ヴォーバンアレーを走る路面電車のレールの両側に、自動車を通す計画であった。フォーラム・ヴォーバンは、レールの片側だけに自動車を通すことを提案した。その提案に対し、フライブルクは火災が発生した際に梯子付き消防車が建物に近付けないため、消防法に違反すると反論した。しかし、フォーラム・ヴォーバンは、緊急を要する場合は、消防自動車を含む緊急車両が通れる道幅を確保しておき、日常は取り外しが可能なポールを立てて自動車を通さないようにし、車椅子の人たち、ベビーカー、歩行者、自転車だけが通る道路にすることを強く提案し、実現した（写真1-10）。

この道路の利用方法は、市民参加の典型的な成果である。行政は物事を画一的に決めることがあるが、市民が提案したアイデアによって気付くこともある。

ヴォーバン地区の住民は移動手段の70％を自転車に依存している。自転

写真1-10

緊急時には自動車の走行が可能な道幅を確保しているが、普段は自動車の進入を禁止して、車椅子の人たち、ベビーカー、歩行者、自転車が通る道路。手前に脱着式の車止め用ポールが立っている。この道路の利用形態は、フォーラム・ヴォーバンの提案で実現した。

車を利用して、学校へ行ったり、会社へ行ったり、買い物へ行ったりしている。

建物と建物の間には、フォークのように細い道路が造られており、そこは風の通り道になっている。ヴォーバン地区の南側に低い山がある。そこから吹き降ろす心地良い風が、ヴォーバン地区の細い道路やグリーン地帯を通り抜けていく。

また、それぞれの建物の間には、人や自転車が通る細い道路が張り巡らされていて、住民が短時間で様々な場所へ行けるように配慮されている。

●参考文献

1）長谷川三雄『写真で見る環境問題』成文堂（2001年2月）
2）長谷川三雄「環境先進国に学ぶ持続可能な環境都市」『環境会議』2014年春号、170–175頁、事業構想大学院大学出版部（2014年3月）

2章

フライブルクのリサイクルセンター

ドイツ人は森の民族と言われている。フライブルクはドイツ人が心の故郷として慕うシュバルツバルトのふもとにあり、中世の面影が残る街である。1980年代にシュバルツバルトは、越境汚染に起因する酸性雨と酸性霧の被害が顕著に発生したため、フライブルクやシュタウフェンをはじめとするシュバルツバルトの懐に抱かれた自治体の住民は、環境保護活動に取り組んできた[1)]。

フライブルクは予防原則に基づき旧市街地をトランジットモールにして自

写真 2-1

フライブルクは自動車を運転する人に、公共交通機関の路面電車、ドイツ鉄道、バスの利用を促すため、パーク・アンド・ライド（P+R）を導入した。郊外にある路面電車やドイツ鉄道の駅あるいはバス停留所に無料の駐車場や駐輪場を整備する。住民は自宅の近くにある駅まで自動車や自転車で行き、無料の駐車場や駐輪場に停めて、公共交通機関に乗り換え、中心市街地へ向かう。

写真 2-2

郊外にある路面電車の終着駅。手前に無料駐輪場と奥に無料駐車場が見える。路面電車は終着駅の降車ホームで乗客を降ろした後、発車時間直前になると 40 m ほど離れた乗車ホームへ移動する。

動車の乗り入れを規制し、パーク・アンド・ライド（P+R）と路面電車などの公共交通機関の整備、経済的動機付けを与えたレギオカルテの導入、安全な歩道と自転車レーンの整備、ソーラー発電や風力発電などの再生可能なクリーンエネルギーの導入、プラスエネルギーハウスのパッシブハウスやカーフリー住宅の建設、ごみの削減[2)3)]などに積極的に取り組んでいる環境先進都市である（写真 2-1・写真 2-2）。

フライブルクのごみ収集とごみ処理事業に携わり、ごみ処理施設の維持管理をしている「フライブルクごみ経済および清掃有限責任会社 ASF」は、市内に3ヶ所のリサイクルセンターを設置している。

1　リサイクルセンター

「フライブルクごみ経済および清掃有限責任会社」は民間組織である。フライブルクが株式の 51 %を保有しており、市の施策に沿った事業を実施している。

市民にとってリサイクルセンターは、ごみを搬入しやすい施設であり、フライブルクはごみカレンダーを毎年発行している[4)]。ごみカレンダーには、

3ヶ所にあるリサイクルセンターの地図が書いてある。また、市民がリサイクルセンターに持ち込むことのできるごみの種類と、持ち込むことのできないごみの種類を記載している。市民は自転車や乗用車、あるいは、トレーラーにごみを積み、3ヶ所にあるいずれかのリサイクルセンターへ、ごみを持ち込むことができる（写真2-3～写真2-5）。

フライブルクで最大規模のセント・ガブリエル・リサイクルセンターは、

写真2-3

トレーラーに剪定枝を積んできた市民。ドイツの多くの家庭は庭が広いため、大量の剪定枝や植栽が搬入される。

写真2-4

市民がトレーラーに積んで搬入した粗大ごみを、職員が手伝って降ろしている。

写真 2-5

使用可能な不用品を保管する建物の前に、乗用車で牽引してきたトレーラーが駐車している。

使用可能な家具、ソファー、ベッド、自転車、その他の品物を建物内に保管しておき、毎週月曜日の午後に市民へ販売している。他の2ヶ所のリサイクルセンターは、このような販売をしていない。販売価格の上限は5ユーロであり、安い価格に設定している。

リサイクルセンターでは素材分別をしており、ごみの種類毎に投入するコンテナを分けている。古紙、厚紙、廃プラスチック類、金属類、ベッド、カーペット、剪定枝、建設廃材などのコンテナがある（写真 2-6・写真 2-7）。

リサイクルセンターには有料制で戸別排出をしている家庭ごみを入れるコンテナも用意してある。市民の中にはリサイクルセンターに持ち込めるごみの種類かどうか分からないまま、運んで来る人たちがいる。家庭ごみをリサイクルセンターへ運んできた市民は、それを再び自宅に持ち帰ることを嫌がる。帰宅する途中で、家庭ごみを不法投棄すると困るので、リサイクルセンターでは家庭ごみを投入するコンテナを特別に用意している。

写真 2-6

女性が袋に入れてきた植栽をコンテナに投入している。左側にある古紙を投入するコンテナには、「満杯」と書いた赤色の札がかかっている。溢れたコンテナは、すぐに新しいコンテナと交換される。

写真 2-7

使用可能な不用品を保管し、販売する建物が並んでいる（左側）。品物毎に搬入する入口が決まっており、入口の上部には番号が付いている。中央部分はごみを搬入してきた自動車が駐車している。右側は金属類を投入するコンテナをはじめ、素材分別をするコンテナが並んでいる。

2　粗大ごみ

回収システム

以前は年に2回、地区毎に粗大ごみを回収する日時を設定していた。市民は回収当日になると、粗大ごみを道路脇に出していた。市民の中には回収場所を見て歩き、欲しい品物があると家に持ち帰る人もいた。

しかし、問題が生じたために、粗大ごみの回収システムを変更した。粗大ごみの回収システムを変更した理由は、誰が粗大ごみを出したのか明らかにするためである。以前の回収システムでは、地区毎に設定した粗大ごみの回収日に、粗大ごみに紛れて有害ごみやその他のごみが出されるケースがあり、粗大ごみ以外の物は誰も引き取らないまま道路脇に放置されていた。

このような事例をなくすため、粗大ごみは市民がリサイクルセンターへ搬入するか、あるいは、回収を依頼する新しい回収システムに変更されている[5)]。

回収の依頼

粗大ごみをリサイクルセンターへ搬入できない市民は、回収を依頼することができる。粗大ごみの回収を依頼する場合は、専用の葉書で申し込む。ごみカレンダーには粗大ごみ回収依頼用の緑色の葉書と、エキスプレスの赤色の葉書が2枚ずつ付いている。緑色の葉書で申し込むと、4週間以内に回収される。赤色のエキスプレス葉書で申し込むと、1週間以内に回収される。

粗大ごみの回収を依頼する葉書には、品物の一覧表が印刷してある。回収を依頼する時は、一覧表で該当する粗大ごみにレ印を付け、さらに、再使用できる品物には、品名の下に線を引く。市の職員は下線が引いてあると、市民へ販売するためにセント・ガブリエル・リサイクルセンターへ運んで行く。

エキスプレスの葉書で回収を依頼した人には、回収日時が電話で連絡される。緑色の葉書で回収を依頼した人には、時間に余裕があるため、葉書で回収日時が連絡される。

回収費用

市民が粗大ごみの回収を依頼する費用は、無料と有料の場合がある。4週間以内の回収を依頼する緑色の葉書の場合は、年に2回まで無料である。緑色の葉書で粗大ごみの回収を依頼する費用は、市民が戸別排出の費用として支払っている、ごみ処理費用に含まれているため、回収時は無料となる。

赤色の葉書は粗大ごみを1週間以内に回収するため、依頼者は回収費用として50ユーロを支払う。50ユーロは市民が粗大ごみを廃棄する費用ではなく、フライブルクが粗大ごみを急いで回収する費用である。急に引越しをする市民は、粗大ごみの回収を急ぐ必要があるため、フライブルクは市民サービスとして赤色の葉書を運用している。

一般に粗大ごみの回収は、緑色の葉書を使用して4週間以内の無料回収を依頼することが基本である。しかし、フライブルクは市民が粗大ごみの回収を急いで求める場合に、市民サービスとして50ユーロで引き受けている。

3　有害ごみ

有害ごみは、市民がリサイクルセンターへ持ち込む他、地区毎に年2回の回収を実施している。

市民がリサイクルセンターへ持ち込んだ有害ごみは、化学の知識を有する専門職員が分別する（写真2-8）。市民が持ち込んだ有害ごみの中には、家庭で容器と中身を入れ替えたものもある。そのために専門職員は、有害ごみを持ち込んだ人に、中身や購入時期について聞き取り調査をする（写真2-9）。

地区毎に有害ごみを年2回回収するために、ごみカレンダーには地区名、有害ごみを回収する場所、日時が書いてある。有害ごみをリサイクルセンターへ搬入しない市民は、不用になった洗剤、ペンキ、医薬品などを自宅で保管しておき、回収当日に回収場所へ持参し、専門職員に渡す。

市民がリサイクルセンターへ有害ごみを持ち込む場合の処理費用は、市民が戸別排出の費用として支払うごみ処理費用に含まれているため、リサイクルセンターで支払う必要はない。病院や薬局が有害ごみを持ち込む場合は、処理費用が必要になる。

市民が持ち込む有害ごみは、家庭で使用していた物であり、特別に危険な

写真 2-8

専門職員が有害ごみを分別している。コンテナの中には有害ごみを分別して保管する小型コンテナが並んでいる。

写真 2-9

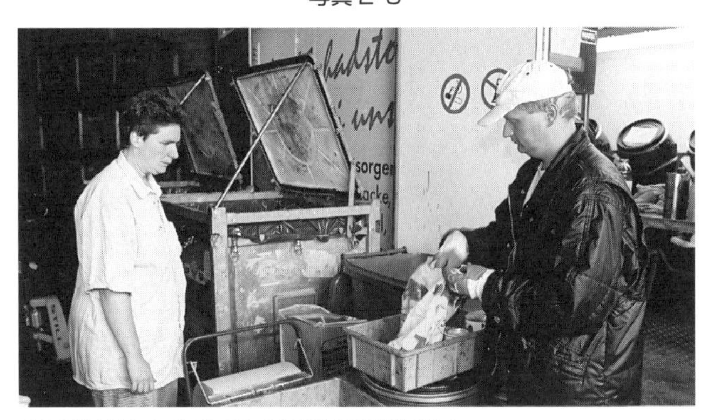

市民が持参した有害ごみを受け取る専門職員。

物はないと判断されている。したがって、有害ごみの分別を担当する専門職員は、防護服や防護マスクを使用しない。しかし、薬局や企業の研究室で使用していた有害ごみが持ち込まれた場合は、どのような種類の有害物質が含まれているか不明であるため、防護マスクなどを使用することもある。

有害ごみとしては、洗剤やペンキ類が多く持ち込まれる。蛍光灯も不用意に壊すと有害物質が出る。また、病院で処方した薬剤、農薬や電池も回収している。

こちらで分別した有害ごみは、週に1回、専門のリサイクル業者が引き取っている。リサイクル業者は再利用できる物は再利用し、再利用できない物は処分する。市は有害ごみを引き取るリサイクル業者に、輸送費用と処理費用を含む引き取り費用を支払っている。

4　建設廃材

市民は自宅を改築した時に出る少量の建設廃材を、リサイクルセンターへ搬入することができるし、埋立処分場へ直接搬入することもできる。

建設廃材の処理費用は、リサイクルセンターへ搬入しても、埋立処分場へ搬入しても同額である。処理費用はバケツ2杯分まで無料である。バケツ3杯分の量から乗用車のトランクに入る量までは7ユーロ、乗用車が牽引するトレーラー1台分の量は14ユーロである。処理費用は、持ち込んだリサイクルセンター、あるいは、埋立処分場で支払う。

5　不用品の販売

職員は再使用が可能な家具や自転車を搬入した市民に対して、どこの建物に運び入れるかを伝えたり、大型不用品などの搬入を手伝っている。

市民に販売する品物はソファー、家具、衣類、絵本、書籍、ゲーム、玩具、チャイルドシート、子供用と大人用の自転車など多種多様である（写真2-10・写真2-11）。全ての品物は一切修理をしないまま、市民が持ち込んだ状態、あるいは、市民から回収した状態で販売している。

古い冷蔵庫はオゾン層を破壊するフロンガスが使われており、フロンガスによるオゾン層破壊のリスクを避けるため、全ての冷蔵庫は市民へ販売しないで、専門のリサイクル業者が引き取っている。

写真 2-10

市民に販売するソファーや家具が並んでいる。

写真 2-11

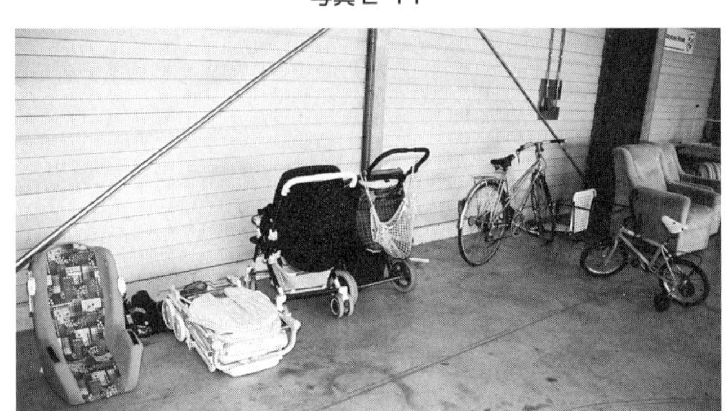

市民に販売するチャイルドシート、ベビーカー、子供用と大人用の自転車が並んでいる。

販売方法

毎週月曜日の午後1時に、不用品の販売を開始する。いつも300人から400人の市民が、不用品を保管している建物の入口のドアが開くのを待っている。市民は良い品物を手に入れようと走り出すため、ドアを開けた職員は急いで脇へ避けなければならない。

品物の値段は表示していないため、市民は品物を選ぶ時に値段を知らない。しかし、どんなに高額な品物でも価格の上限は5ユーロである。品物に値札を付けると、手間がかかる。安い価格で販売するため、手間のかかることはしない。市民も値段が安いことを知っており、値札が付いていなくても問題はない。職員は市民がお金を支払う時に、品物を見て値段を決める。例えば、大人用の自転車は３ユーロで販売している。

市民は以前、不用品を無料で持ち帰ることができた。欲しいと思う品物があると、無料のため何でも自宅に持ち帰った。そして、必要ない品物は直ぐにリサイクルセンターへ戻してきた。そのような状態が続いたため、現在は有料で販売するシステムに変更された。

売れ残った品物は、その日のうちに処分するため、売れ残った品物が溜まることはない。

●参考文献

1）長谷川三雄『人間と地球環境』37 頁、産業図書（1996 年 4 月）
2）長谷川三雄「環境にやさしい風景―フライブルクのリユースコップ―」『NPO 法人・埼玉環境カウンセラー協会だより』No.18、4–5 頁、NPO 法人・埼玉環境カウンセラー協会（2003 年 10 月）
3）長谷川三雄『環境にやさしい風景―ドイツと同じ日本のエコスーパー―」『NPO 法人・埼玉環境カウンセラー協会だより』No.21、6 頁、NPO 法人・埼玉環境カウンセラー協会（2004 年 10 月）
4）Abfallwirtschaft und Stadtreinigung Freiburg GmbH, “Abfallkalender 2016”, Abfallwirtschaft und Stadtreinigung Freiburg GmbH.
5）Abfallwirtschaft und Stadtreinigung Freiburg GmbH, “Die ASF informiert, Sperrmüll à la carte”, Abfallwirtschaft und Stadtreinigung Freiburg GmbH.

3章

自転車に最もやさしいミュンスター

ドイツ北西部に位置する環境都市ミュンスターは、26万5000人を抱える国内で25番目に人口の多い自治体である。面積は302 km^2で、国内で6番目に広い自治体である。

ミュンスターは「自転車アクションの日」を設けて、子供たちが自転車に乗る楽しみを身に付けながら、自転車交通についての様々な情報を学ぶ機会を提供している。

ミュンスターが制作した自転車をアピールするポスターには、市長、市議会議長、教会の司教、ミュンスター出身のロックミュージシャン、ミュンスターにある動物園の園長が自転車に乗って登場し、市民に自転車の利用促進をアピールしている。

天然ガス会社の広告は、クリーンなエネルギーをイメージするモチーフとして自転車を使用している。レンタカー会社の広告は「もしも、あなたの自転車が盗まれたら、自動車をレンタルして下さい」という内容である。

自転車は電車や一部のバスに持ち込むことができるため、公共交通機関と組み合わせて、自転車の連続性を確保し利便性を高めている。

自動車を中心とする街づくりに励んでいる自治体では、住民が自家用車で郊外の大型ショッピングセンターへ出かけるため、旧市街地にある古い商店街が活気を失っている。しかし、市民が自転車を利用することによって、地元の商店で買い物をする消費者が増え、商店街が活性化するようになる。

1 市民の交通手段

環境にやさしい自転車は、環境都市ミュンスターの象徴的な存在になっている。ミュンスターは中世の時代、多くの街と同様に、敵の攻撃から街を護るため周囲に城壁を築いていた。この城壁は第二次世界大戦で破壊され、現在は並木道になっている[1)]。歩行者と自転車が通る並木道は、生活道路の役割を果たすとともに、市民は散歩やジョギングなど憩いの場として親しんでいる（写真 3-1）。

ミュンスターは市民の交通手段として、公共交通機関のバスや環境にやさしい自転車の利用を推進するためにポスターを制作している（写真 3-2）。左側のポスターは、30 年戦争の講和条約として有名な「ウェストファリア条約」を締結したミュンスター市役所前の道路に、自動車と自動車を運転していた人たちが並んでいる。中央のポスターは、自動車を運転していた人たちと 1 台のバスが停車しており、全ての人たちが 1 台のバスに乗車できることを伝えている。右側のポスターは、自動車の運転手が自転車を利用した時の写真である。バスや自転車を利用すると、自動車に比べて道路上に空間が多くなることが分かる。

市内を走るバスの車体には 2 枚のポスターが貼ってあり（写真 3-3）、市民への PR に努めている。バスは高齢者、ベビーカー、車椅子の人々に配慮し

写真 3-1

中世に築いた城壁の跡地を利用した並木道。

写真 3-2

ミュンスターは市役所前の道路に乗用車と運転手（左側）、バスと乗用車の運転手（中央）、自転車と乗用車の運転手（右側）を並べたポスターを制作している。

写真 3-3

写真 3-2 に示すポスター（左側）と、1 台のバスに自動車の運転手が乗車しているポスターを車体に付けた連結バス。市民にバスの有用性をアピールしている。

て、乗客が降り乗りする際は、昇降口側の車体を傾けてできるだけ段差が低くなるようにしている。

2 自転車レーン

歴　史

第二次世界大戦以前のミュンスターでは、多くの市民が自転車を利用しており、自動車を利用する市民はほとんどいなかった。しかし、戦後は自動車が急速に増加したため、自転車の安全対策を講じる必要が強まった。

ミュンスターの街は、第二次世界大戦によって壊滅的に破壊されたため、戦後は道路建設が必要となった。ミュンスターは道路建設に際して、破壊される以前の街並みを再生しながら、自動車が自由に走行できる道路を建設しようと考えた。

その過程で、自転車と自動車が互いに支障を生じないようにするため、自動車道路の脇に自転車レーンを建設する考えが生まれた。すなわち、ミュンスターは自動車道路と自転車レーンの建設を同時に計画した。これは他の自治体で見ることのできない画期的な計画であり、ミュンスターの戦後復興計画の中で象徴的な施策である。

ミュンスターは1948年に、全ての幹線道路に自転車レーンを設けることを決定し、自転車レーンの整備を推進した。第二次世界大戦以前からあった道路の道幅を拡張し、さらに、新しい道路を建設するために、用地買収を進めた。当時の道路建設の進捗状況と、市民の自動車保有率を比較すると、自動車保有率が圧倒的な速さで上昇している。

交通手段が自転車から自動車に移り、自動車社会が到来すると、市内のあちらこちらで交通渋滞が起こり、市民は交通渋滞の中を自動車で移動することに不快感を抱くようになった。交通渋滞の中を自転車で走ると、自由に走ることができる。市民は自転車を利用すると、自動車よりも早く目的地に到着できることを強く意識するようになり、街には再び自転車が戻ってきた。

1970年代から1980年代は、世界中で環境に対する意識が強まった時代である。ドイツでは国民が「心の故郷」として慕うシュバルツバルトの75％に、化石燃料の消費と越境汚染に起因する酸性雨の被害が発生している[2)]。

このような環境汚染に直面した市民は、自動車が環境に負荷を与える交通手段であると認識するようになった。市民は環境にやさしい自転車を交通手段の中心に据えるべきであると考えるようになり、ミュンスターは安全な自転車レーンを幹線道路だけでなく、生活道路にも整備することを決定した。

ミュンスターは市民に自転車の利用を促す呼びかけをおこない、多くの市民は呼びかけに応じて、自転車を利用するようになった。その結果、市民は自転車で走ることに快適さを感じている。行政が自転車レーンを整備していくだけでなく、市民も好んで自転車を利用するようになったため、自転車を取り巻く環境が徐々に整備されてきた。市民からは自転車に配慮した交通政策の推進を強く求める要望が寄せられた。

ミュンスターでは自転車による交通事故が起きている。しかし、ミュンスター市内を走行する自転車の台数に比べると、自転車が関係する交通事故の発生件数は少ない。自転車による交通事故は、自動車事故に比べると軽症の場合が多い。

ミュンスターは自転車の交通事故を防ぐために、様々な努力を続けている。例えば、学校で交通安全の講習会を開催したり、警察官を街中に配置して、無灯火の自転車や、携帯電話で話しながら走行している自転車を厳しく取り締まり、罰金を科している。

自動車と自転車が一緒に走行する危険な道路では、危険を取り除く努力を続けており、自転車の走行上の安全を高めるように改善を加えている。

自転車レーン　ミュンスターが整備した自転車レーンの総延長は250 km に及んでいる。

自転車レーンは周辺の環境に応じて様々なタイプを導入している。最も一般的な自転車レーンは、歩道の一部の路面を赤色で色分けした道幅約 1 m の自転車レーンである[3)]（写真 3–4）。自転車は自動車と同様に右側通行で走行し、自転車レーンでは一方通行で走行する。自転車レーンを赤色で色分けすることによって、歩行者が自転車レーンに立ち入らないように安全性を確保している。さらに、歩道と自転車レーンは、自動車道路の路面に対して、バリアの役割を果たす段差を設けている。

自動車道路と自転車レーンに段差のない道路では、各境界部分を白色のラ

写真 3-4

路面を赤色に色分けした自転車レーンを走る自転車。朝の通勤風景。

インで区別している[4]（写真 3-5）。

同様に、自動車道路と自転車レーンの境界を、白色の破線で区別している道路もある[4]。この道路を通るバスは破線で示された境界を遵守する必要はなく、周囲の安全を確認した上で、白色の破線を越えて自転車レーンにはみ出し、走行することができる。このような規制のある道路は道幅が狭く、走行する自動車の 95 %を小型自動車が占めている道路であり、バスは自転車レーンへはみ出さないと通行できない道路環境にある。

バスと自転車が一緒に走る道路もある。バスは1時間に数台しか通行しないため、自転車と一緒に道路を使用している。自転

写真 3-5

ミュンスター中央駅前の大通り。右側はバスの停留所が並んでいるため、自転車レーンはバスレーンと自動車道路の間に設置されている。路面に自転車レーンを示す自転車のマークが描かれている。

車がバスの後方を走っている時は、バスが停留所で停車した時に追い抜いて行く。

ミュンスターは、自転車だけの専用道路を設けている。この道路は自転車が主役の道路であり、自転車が道路の真中を走行する。自動車はこの道路に進入できないが、高齢の人たちや障がいのある人たちの自動車は、特別に許可を得ているため進入することができる。

ミュンスターには道幅の広い自転車レーンだけでなく、狭い自転車レーンも存在する。ミュンスターは今後、狭い自転車レーンの道幅を拡張していくことを考えている。

自転車は自動車道路が交通渋滞を起こしても、交通渋滞に邪魔されることなく走行することができる利点を備えている。

自転車用道路標識

自動車は一方通行の規制を受けても、道路標識に自転車のマークと「frei」の文字が表示してある場合、自転車は自由に走行することができる（写真 3-6）。この道路は「偽の一方通行通り」と呼ばれている[5]。

自動車は工事中の道路が行き止まりで進入禁止になっていても、自転車は

写真 3-6

自動車は右折禁止の規制を受けるが、自転車は両方向へ侵入できる。

行き止まりを越えて通り抜けることができる道路が多い。

自転車は自動車と同様に右側を走行するが、道路の道幅が広く、さらに、信号機と信号機の間が離れている道路では、自転車の左側走行が認められている区間がある。

住宅街に多い「自転車道路」を走行する自転車は、両方向へ向かって走行することができる[6)7)](写真 3-7)。

歩行者天国は、多くの商店が並んでいる通りにある。商店が営業している時間帯は、自転車から降りて押して歩かなければならない歩行者天国が多い。商店が閉店している時間帯は、自転車に乗って自由に走行することができる。

商店の少ない通りの歩行者天国は、商店が営業している時間帯でも、自転車が自由に走行できるように規制を緩めている通りもある。

自転車に関する様々な道路標識には、市交通局の電話番号が書いてある。市民は自転車用の道路標識が壊れていると、市交通局に電話して、どこの道路標識が壊れているか知らせてくる。

写真 3-7

「自転車道路」の文字が見える道路標識。

ミュンスターは道路標識の内容を説明するリーフレットを制作している[4)5)]。リーフレットにはバスと自転車が一緒に走る道路など、特に注意を要する複雑な交通規則を紹介している。

3 交 差 点

横断歩道に一番近い白線は自転車の停止線であり、その約 3 m 後方に自動車の停止線がある[6)]。交差点では、自転車の停止線が自動車の停止線よりも前方にあるため、信号機が青色になった時点で、自転車は自動車の前を走行することができる。自転車が自動車の運転手の視界に入ることで、運転手は自転車の存在を認識し、自転車の安全が確保される。

4 駐 輪 場

ミュンスターは安全な自転車レーンの整備を推進するとともに、中心市街地に多くの駐輪場を確保する努力を続けている。

市民に自転車の利用を促すには、自転車の利便性を高める必要があり、その一つの対策が駐輪場の確保である。自転車の利用者は、自転車を目的地の近くに停めたいと考える。自転車を駐輪場に停めて買い物を済ませ、また、自転車で別の場所へ移動して、自転車を商店の近くの駐輪場に停めて買い物をする。そのような自転車利用上の行動パターンを考慮して、駐輪場を設置している。

屋外駐輪場は無料であるが、駐輪できる日数を1日に制限している駐輪場が多い。自転車の利用者が駐輪場の規則を守っているかどうかを確認するため、職員が自転車の後輪に紙テープを巻くことがある。紙テープは自転車を動かすと切れるため、翌日に紙テープの巻いてある自転車があると撤去する。ミュンスターは違法駐輪した自転車の保管施設を1ヶ所設置している。自転車を撤去された人々は、保管施設へ出向いて自転車の返還を受ける。

撤去した自転車の返還手数料は、無料と有料に分かれる。自転車を施錠している場合は、職員が施錠してある自転車をトラックに積み、保管施設へ運んで保管する。この場合の返還手数料は無料である。しかし、自転車と駐輪施設のポールなどを施錠している場合は、職員が錠を壊して保管場所へ運ぶことになる。錠を壊した自転車は保管施設内の一角にあるフェンスで囲まれた鍵のかかる施設に入れ、自転車の持ち主が現れるまで特別に保管する必要がある。その特別保管手数料として、市民は10ユーロを納めなければならない。

パーク・アンド・ライド（P+R）の駐輪場は、自転車を駐輪する日数に制限がなく、また、盗難防止対策として自転車と駐輪設備を施錠している。

5　ラートシュタツィオーン

ラートシュタツィオーン

ミュンスター中央駅前に大規模有料駐輪場ラートシュタツィオーン[8]（写真3-8）が操業を開始するまでは、中央駅前に約4000台の自転車が駐輪していた。今日でも中央駅の周囲には、多くの自転車が駐輪している。

ラートシュタツィオーンは700万ユーロの建設費用が投じられ、1999年6月に完成した[9]。建設費用の半額はノルトライン・ヴェストファーレン州が負担し、残りはミュンスターが徴収している駐車場設置義務免除金で賄っている。

ラートシュタツィオーンの収容可能台数は3300台である。ラートシュタツィオーンに収容している自転車と、ラートシュタツィオーンの周辺に駐輪している自転車、そして、ミュンスター中央駅の裏に駐輪している自転車の総計は約6000台である。

上空から見ると三角形をしたラートシュタツィオーンは、地下1階に自転車の駐輪場があり、建物の地上部分は全ての側面をガラス張りにして、太陽光を採光している。ラートシュタツィオーンはミュンスター中央駅前にある

写真 3-8

正面は大規模有料駐輪場のラートシュタツィオーン。地上部分の側面は、全てガラス張りになっている。ラートシュタツィオーンの奥は、隣接するミュンスター中央駅。

ため、自転車を預けて列車に乗る人たち、あるいは、列車を降りてから職場や学校へ自転車で通う人たちにとって、非常に利便性の高い駐輪場である。

ラートシュタツィオーンは、ミュンスターが建設した施設であるが、管理と運営、レンタルサイクル、自転車修理などの業務は、民間企業に委託している。ミュンスターはラートシュタツィオーンの経営に参加を希望する企業に対して、どのような運営管理と市民サービスをするのかコンテストを実施した。また、市民に対しては、どのようにしたら好ましい駐輪場の経営がおこなわれるかについて意見を求めた。

ラートシュタツィオーンの経営で利益が出ると、その利益の一部はミュンスターが受け取る契約になっている。

利用方法　ラートシュタツィオーンの利用時間は、月曜日から金曜日までが午後5時〜午後11時、土曜日と日曜日そして祝日が午前7時〜午後11時である[10)]。

南口のスロープを降りた正面には管理事務所があり、レンタルサイクル（写真3-9）や当日の駐輪申し込み、自転車修理（写真3-10)、自転車洗車機（写真3-11）の受付をおこなっている。また、自転車の夜間走行の安全性を高めるために腕や足に巻く反射テープや、自転車レーンを赤色で表示した自転車

写真3-9

ラートシュタツィオーンが運営しているレンタルサイクル。

写真 3-10

ラートシュタツィオーンで営業する自転車修理店。

写真 3-11

ラートシュタツィオーンにある自転車洗車機。

用道路地図を販売しているショップも併設している。

ラートシュタツィオーンの一角には入口に鍵がかかり、モニターで 24 時間の監視をおこない、そして、利用者の専用駐輪区画が決まっている高級駐輪場がある（写真 3-12）。高級駐輪場の自転車 1 台の年間使用料金は 90 ユーロである（表 3-1）。また、自転車を上下 2 段に収納する 2 層式ラックタイプ（写真 3-13）で、空いている場所に駐輪するタイプの年間使用料金は 70 ユー

写真3-12

利用者の専用駐輪区画が決まっている高級駐輪場。

表3-1　ラートシュタツィオーンの利用料金表10)

自転車パーキング	
1日	0.7ユーロ
1週間	4ユーロ
1ヵ月	7ユーロ
1年	70ユーロ
専用駐輪区画（半年）	50ユーロ
専用駐輪区画（1年）	90ユーロ
未払い延滞金	1ユーロ
レンタルサイクル	
1日	6ユーロ
1日（16時以降）	5ユーロ
3日間	13.5ユーロ
1週間	25ユーロ
長期利用者とドイツ鉄道で100 km以上遠方から来た人は1日5ユーロ	
11人以上の団体は1日5ユーロ	
自転車洗車機（1台）	3.25ユーロ

出所：Radstation Münster Hundt KG, “Unsere Leistungen-unsere Preise”, Radstation Münster Hundt KG.

ロである。トレーラーを付けたオーバーサイズの自転車には、南口の緩やかなスロープを降りた後方の床に駐輪スペースが設けられている（写真3-14）。

ラートシュタツィオーンの出入口は3ヶ所ある。中央駅前にある東口（写

写真 3-13

2層式ラックタイプに駐輪している自転車（左側）と、南口から続くスロープ（右側）。スロープでは自転車を駐輪する人と、自転車に乗って出ていく人が、それぞれ右側通行をしている。

写真 3-14

トレーラーを付けたオーバーサイズの自転車は、床に駐輪する。

真 3-15)、出ていく人は自動ドアで、入る人はカード式の自動ゲートになる西口（写真 3-16・写真 3-17)、そして、緩やかなスロープのある南口である（写真 3-13)。西口は中央駅に平行する大通りを越えた先にあるため、中央駅へ行く人たちが信号待ちを避けて西口を通って中央駅へ向かうと、自転車を持って出て行く人たちに迷惑がかかる。それを避けるため、西口から入る場合

写真 3-15

左側はミュンスター中央駅の出入口、右側はラートシュタツィオーンの東口、右側奥にある斜めの屋根はラートシュタツィオーン。

写真 3-16

正面はラートシュタツィオーンの西口。左側奥にはミュンスター中央駅、右側奥にはラートシュタツィオーンが見える。左側奥には信号待ちの人たちがいる。

け利用者だけが持っているカードを使う自動ゲートになっている。

ラートシュタツィオーンの屋根には、最大出力 2.88 kW のソーラー発電施設があり、発電量、累積発電量、削減した二酸化炭素量を示す電光掲示板が南口スロープ中央部分の壁面に設置してある。

写真 3-17

ラートシュタツィオーンの西口へ通じる階段。自転車を駐輪する人と、自転車を持ち出す人がいる。

利用者の確保

無料の屋外駐輪場は屋根がなく雨ざらしのため、特に降雨量が多く雪も降るミュンスターでは自転車の傷みが激しく、自転車は直ぐに錆びてしまう。また、自転車の盗難やいたずらが発生している。このような理由から、有料ではあるが屋根付きで管理人が常駐するラートシュタツィオーンの人気は高い。

ラートシュタツィオーンは稼働率を高めるために様々なキャンペーンを展開した。キャンペーンの一つは、操業開始以来、利用契約を継続してきた人たちへ感謝を込めて、10ユーロのボーナスをプレゼントしていることである。また、年間利用契約を結んだ人には、12ヶ月分の料金で13ヶ月分の利用ができるキャンペーンを展開した。

フライブルクはミュンスターと同じ大規模有料駐輪場を開設している。フライブルクの大規模有料駐輪場は中央駅の脇に位置しているため、利用者の確保が若干難しい傾向にある。他方、ミュンスターは中央駅前にあるため、地の利を生かして成功している。

6　自転車にやさしい自治体コンテスト

ドイツ自転車協会は2003年から自転車政策が最も進んでいる自治体コンテストを実施しており、ミュンスターは第1回自転車にやさしい自治体コンテストで優勝した。自転車にやさしい自治体コンテストは、専門家が駅から会社へ向かう道路や、駅から学校へ向かう道路を自転車で走行し、自転車の利用者にとって分かりやすい道路標識が立っているか否か、自転車レーンがあるか否かなどを詳細に調査している。

自転車にやさしい自治体コンテストには専門家とともに、市民も参加している。市民にアンケートを配布し、市民自身がミュンスターの交通政策を評価している。ミュンスターは、これらの総合評価に基づいて優勝した。

自転車にやさしい自治体コンテストは大都市部門と小都市部門に分けて実施され、2003年は70都市が参加した。大都市部門ではミュンスターが優勝し、2位にブレーメンが選ばれている。

ミュンスターは自転車にやさしい自治体コンテストで優勝したことを記念して、1台の自転車を収納する青色の自転車用コンテナを製作し、市役所の前に設置している（写真3-18）。自転車用コンテナの側面には「ミュンスターは、2003年にドイツ自転車協会が実施した自転車にやさしい自治体コンテ

写真3-18

ミュンスター市役所前には、ミュンスターがドイツ自転車協会の自治体コンテストで優勝したことを記念して制作した自転車用コンテナが置いてある。

ストで優勝しました」と書いてある。自転車用コンテナの中には、荷物を運ぶ時に使用する自転車を収納している。

●参考文献

1）Fahrradfreundliche Städte und Gemeinden in Nordrhein-Westfalen, "5 GUTE GRÜNDE", Fahrradfreundliche Städte und Gemeinden in Nordrhein-Westfalen, Januar 2001.
2）長谷川三雄『人間と地球環境』37頁、産業図書（1996年4月）
3）Fahrradfreundliche Städte und Gemeinden in Nordrhein-Westfalen, "MARKIE RUNGEN", Fahrradfreundliche Städte und Gemeinden in Nordrhein-Westfalen, 1999.
4）Stadt Münster, "Neue Elemente im Radverkehr", April 1998.
5）Stadt Münster, "Wegweisung bringt Bewegung", Januar 2003.
6）Fahrradfreundliche Städte und Gemeinden in Nordrhein-Westfalen, "STVO-NOVELLE", Fahrradfreundliche Städte und Gemeinden in Nordrhein-Westfalen, 1999.
7）Fahrradfreundliche Städte und Gemeinden in Nordrhein-Westfalen, "FAHRRAD STRASSEN", Fahrradfreundliche Städte und Gemeinden in Nordrhein-Westfalen, 1999.
8）Fahrradfreundliche Städte und Gemeinden in Nordrhein-Westfalen, "ZAHLEN UND FAKTEN", Fahrradfreundliche Städte und Gemeinden in Nordrhein-Westfalen, Januar 2001.
9）長谷川三雄「環境先進国に学ぶ自転車にやさしい取り組み」『低環境負荷交通体系のあり方～自転車等利用環境の整備について～』39-44頁、さいたま市議会まちづくり委員会（2010年6月）
10）Radstation Münster Hundt KG, "Unsere Leistungen-unsere Preise", Radstation Münster Hundt KG.

資料 I -1

消費者は購入したい商品を選び、商品がデジタルスケールから落ちないように袋に入れてデジタルスケールに載せた後、商品と同じ商品名や絵あるいは番号の書いてあるパネルをタッチする。発行された商品名や金額が印字されたレシートを袋に張り、レジで精算する。リンゴなどは種類が多く形が似ていて、価格も様々であるため、レジの担当者が商品を確認できるように、プラスチック袋を使用する。じゃがいもは種類が少なく、形状が異なるため、紙袋を用意している。環境先進国は枯渇性資源の無駄遣いを防ぎ、すぐにごみになる物を家に持ち込まないエコライフ型に取り組んでおり、商品を安く購入できる量り売り（ばら売り・裸売り）が一般的である。

資料 I -2

鶏卵のばら売り。鶏卵用のパッケージも売られている。消費者の中には、タッパー容器を利用した個性溢れる鶏卵用容器を持参する人も多い。

資料 I -3

洗濯用液体洗剤の量り売り。詰め替え用商品は軟質プラスチックがごみになるが、空き容器を持参して液体洗剤を購入するとごみは出ない。

資料 I -4

レジで精算を済ませた後、不要な容器包装は家に持ち帰らないために、レジの前に置かれている容器回収コーナーに投入する。容器回収コーナーには左側から順に箱、紙類、プラスチックを投入する。環境先進国の容器回収コーナーは、商店の内側を向いて設置している。資料 I -1 に示したプラスチック袋は、この容器回収コーナーに投入する。

資料Ⅰ-5

エコホテルはごみが増える小さいプラスチック容器に入ったジャムやバターを使用しない。ジャムやバターを取り分ける小皿は、洗って繰り返し使用するため、ごみが減量される（2000 年に国際ホテル飲食店協会が「世界で最も環境にやさしいホテル」に認定したホテルヴィクトリア）。

資料Ⅰ-6

トランジットモールの道路標識。フライブルクは旧市街地 42 万 m^2 をトランジットモールに指定し、自動車の乗り入れを規制し、歩行者と自転車そして公共交通機関の専用区域とした。トランジットモールは、自動車の騒音や渋滞を解消し、排気ガスによる大気汚染もなくなり、商店街はお客が戻り、活性化につながっている。

資料Ⅰ-7

自動車が見当たらないトランジットモール。

資料Ⅰ-8

フライブルク中心部のメインストリート「カイザーヨーゼフ通り」にある「ベルトルドの泉」（中央）。トランジットモールは多くの人たちが往来している。

資料Ⅰ-9

歩道と路面電車の間に自動車道路があり、また、路面電車のホームが極端に狭いため、路面電車がホームに近付くと自動車用信号機が赤信号になり、自動車は停車して、路面電車を利用する人たちの安全を確保している。

資料Ⅰ-10

郊外を走行する路面電車の軌道は、緑化している。その理由は騒音防止と生き物が身を隠しながら安全に移動するためである。

資料Ⅰ-11

ドイツ鉄道は土曜日、日曜日、祝日になると、自転車を持って乗車する利用者が増加する。

資料Ⅰ-12

高速列車 ICE に自転車を持ち込む場合は、車両が決まっている。

資料Ⅰ-13

パーク・アンド・ライド（P+R）と公共交通機関の整備が進み、自動車の利用が激減したため、フライブルク中央駅のホームの上を通る道路は、自動車の進入を禁止して、路面電車の専用軌道になっており、両端は歩行者と自転車が通行している。奥の坂の上が路面電車の駅になっている。

資料Ⅰ-14

資料Ⅰ-13に示す坂の上にある路面電車の駅で降車すると、フライブルク中央駅の各ホームに直結する階段が利用できる。ドイツは信用乗車制を導入している。

資料Ⅰ-15

ドイツ鉄道は利用者が荷物をスムーズに運べるように、エレベーターだけでなく、階段にベルトコンベアを設置している駅がある。下でベルトコンベアに荷物を乗せるとオートで上向きに動き、上で荷物を乗せると下向きに動く。

資料Ⅰ-16

南側に大きな窓のある一戸建て住宅のパッシブハウス。庭は未完成。

資料Ⅰ-17

資料Ⅰ-16の1階南側の居住空間。窓側に並んだ観葉植物は光合成による室内空気の浄化を兼ねている。

資料Ⅰ-18

道路上にハンプを置き、走行車両は1台だけ通行できるように道幅を狭めている。ここを通過する自動車は対向車に配慮して速度を落とす。道路の左側には歩道を隔てて保育園があり、万一、園児が道路に出てきても、自動車は速度を落として道路中央部分を走行しているため、園児の安全が確保できる。

資料Ⅰ-19

道路に植栽を配置して蛇行させているため、自動車は速度を落として走行する。

資料Ⅰ-20

生徒が自然と生物そして環境について学習する学校生物センターにある、身近な素材が時間とともにどのように分解するか、あるいは分解しないかを理解する施設。写真の左側から縦の列毎に、今年、1年前、2年前、3年前に容器に入れた素材が入っている。容器に入れた素材は手前から奥の列毎に、プラスチック、木切れ、紙とコンポスト、紙、落ち葉、草と松の木切れ、藁と草、プラスチックと金属を除いた素材である。手前にあるプラスチックは、自然界でほとんど分解されないため、減量していない。他の素材は、微生物が分解して減量し、土に戻っていく。

資料Ⅰ-21

学校生物センターにあるソーラーエネルギーの施設。周囲にはソーラークッカーなどが並んでいる。中央部には黒色と白色の石畳みが見える。ここでは目隠しをした子供たちが素足になり、暖かい石の上だけを歩くように指示を受け、黒い石の上だけを歩くことで、太陽光の吸収と発熱、そして反射を体験する。

資料Ⅰ-22

学校生物センターにある人体に効果的なハーブを学習する施設。子供たちが学習に来る時は、ポットに植えた様々な種類のハーブを置いておく。頭痛に効果のあるハーブは人体図の頭部に置き、胃に効果のあるハーブは胃の上に置き、膝の痛みに効果のあるハーブは膝の上に置き、ハーブの効用を学んでいる。

資料Ⅰ-23

信号機のポールに設置された「杖」の絵が描いてある押しボタン。歩行がスムーズにできない人は、横断歩道を渡る時にボタンを押し、青信号の点灯時間を長くして、安全に渡れるようにする。押しボタンは 3 面のどの部分を押しても、ON になるユニバーサルデザインである。

資料Ⅰ-24

街中に設置してある道路や建物を立体模型で表した地図。視覚障がいの人は、立体模型地図を手で触れることにより、街を感覚的に理解できる。

資料 I -25

自動車を保有しない人たちが入居するカーフリー住宅団地の道路。自動車は走行しないため、道路は右側に見えるように狭い。しかし、火災発生時は、大型消防自動車が通行するため、道路の左側にコンクリートのメッシュを埋め込んで、万一の時は、道路を広く利用できるようにしている。

写真 I -26

ハノーファーの街中に描かれた赤色の太いライン。このラインはインフォメーション・センターから循環しており、ラインに沿って歩いて行くと、ところどころに丸印の中に番号が描かれている場所がある。そこはハノーファーが観光客に是非見て欲しい名所旧跡である。赤色のラインは市民が描いており、写真に示すように、少し曲げて個性をアピールしている部分もある。

資料 I -27

キス・アンド・レイル（K+R）の道路標識。ドイツ鉄道に乗車する人を送って行く場合も、迎えに行く場合も、列車の発車時間と到着時間は決まっているため、駅の駐車場は駐車時間を 20 分に制限している。駐車時間が 20 分間と短いため、パークでなくキスになる。

資料 I -28

小川が流れ、樹木が茂るビオトープで遊ぶ子供たち。

写真Ⅰ-29

「森の幼稚園」は、子供を豊かな自然の中で伸び伸びと遊ばせ、感性の豊かな人間に育てたいという親の希望から、デンマークで始まり、現在は多くの国々で試みられている。集合時間になると準備体操をした後、年上の子供が年下の子供の面倒を見ながら、森の中へ入って行く。

資料Ⅰ-30

「森の幼稚園」。雨が降っても、雪が降っても、風が吹いても、寒くても、暑くても森の中へ入り、楽しく遊んでいる。

Ⅱ 部

スウェーデン

4章

ストックホルムの環境政策と環境コミュニケーション

スウェーデンの首都ストックホルムは187 km^2の面積を有し、80万人の人口を抱えている[1)]。ストックホルムは市有地を貸し出す際に、緑地保全や省エネルギーを契約条件に加えている。市内の公園を含む緑地面積は40％を占めている[1)]。ストックホルムは1995年に、市内の面積の10％に相当する地域をユールゴーデン国立都市公園として開園した。首都に世界初の国立都市公園を開園した目的は、歴史的に伝えてきた貴重な自然環境を保全することである。ストックホルムは厳しい開発規制のある国立都市公園が市内に存在する首都である。

ストックホルムは、メーラレン湖とバルト海に挟まれた多島海の内側にある14の島からなる水の都で、中心市街地の25％が水で覆われている。このためストックホルムと市民は、水を貴重な資産として認識している。

1950年代のメーラレン湖は、工場排水や家庭排水が流入し、水質汚濁が生じていた。ストックホルムは1970年代から環境プログラムを策定し、市民、事業者、行政が協働して、身近な自然を保全する環境保護運動に取り組んできた。レストランは規模の大小を問わず、営業許可を得るには排水中の油分と水分を分離して油分を取り除く分離器の設置が義務付けられている。このような努力の結果、メーラレン湖の水質浄化が進み、夏のメーラレン湖は市民が水遊びをする憩いの場になっている。

市民は周囲にある身近な環境が改善されると、それを実感してさらに環境意識を高めていく。その好ましい市民の姿を、環境都市ストックホルムで見ることができる。

ストックホルムは2010年に、市民一人当たりの二酸化炭素排出量の削減の取り組みが評価され、第１回「欧州グリーン首都賞」を受賞した。

スウェーデンは環境問題を解決するために、福祉国家を維持する社会的費用負担の考え方を導入している。環境問題が発生し、自然環境や人々が被害を受けると、以前の状態に戻すためには、莫大な社会的費用を負担しなければならない。したがって、スウェーデンが環境問題に対処する姿勢は、環境政策を中心とする予防原則に重点を置いている。

1　スウェーデンの環境目標

長期ビジョン

スウェーデンは1996年から、25年間の長期ビジョン「スウェーデン2021」に取り組んでいる[2)3)]。計画実施期間を25年間に設定した理由は、技術改革の予測が可能な年数であり、また、子供が大人に成長する年数に相当するからである。

1900年当時のスウェーデンは、一人当たりの居住空間が7 m^2、食料は主に自給自足の生活であった。1990年になると、一人当たりの居住空間は47 m^2に増え、食料は輸入に依存する傾向を強め、自動車、電子レンジ、食洗機、洗濯機、冷蔵庫などを備え、エネルギー消費量が増加した[3)]。

長期ビジョンでは「大きな環境問題は今の世代で解決し、決して次の世代に引き継がない」と宣言し、１世代で循環型社会を構築する方針を表明している。この素晴らしい表明は、福祉国家を維持するための予防原則の概念を環境問題にも導入した結果であり、また、環境教育の導入によるグリーンコンシューマーの育成も背景となっている。

環境目標

スウェーデンは次に示す15項目の環境目標を設定している[4)]。

1）気候変動の要因削減

2）自動車のクリーン燃料

3）酸性雨対策

4）有害化学物質の削減

5）オゾン層の保護
6）放射線対策
7）富栄養化対策
8）湖沼や河川の再生
9）地下水の水質改善
10）海域、湾岸地域、多島海の再生
11）湿地の再生
12）持続可能な森林経営
13）農地の多様性
14）鉱山周辺部の再生
15）室内環境

上記の1）に示す気候変動の要因削減は、地球温暖化に影響を与える二酸化炭素などの温室効果ガスによる環境負荷を削減する内容である。2）に示す自動車のクリーン燃料は、自動車燃料を脱化石燃料に転換することである。3）に示す酸性雨対策は、湖沼の酸性化や森林破壊の被害を削減する内容である。5）に示すオゾン層の保護は、オゾン層を破壊する化学物質の削減である。6）に示す放射線対策は、主に建物の石材から自然照射しているラドンの問題である。7）に示す富栄養化対策は、ストックホルムにある多くの湖で富栄養化が生じているため、行政は深刻な問題として捉えている。

2　ストックホルムの行政組織

ストックホルム市議会は、中枢を担う常任委員会の下に16の専門委員会を設置している。専門委員会には環境衛生保全委員会、都市計画委員会、建設交通委員会、そして、児童福祉や高齢者福祉を所管する福祉委員会などを設置している。

スウェーデンは上水道、下水道、地域暖房、ごみ処理などの生活インフラを公営企業が運営している。ストックホルムには、市が株式の半数以上を保有し、経営している公営企業が15社ある。ストックホルムが全額出資しているストックホルム・ウォーター株式会社は、メーラレン湖の湖水を浄化して市民に水道水を供給し、また、下水処理にも携わっている公営企業である。ストックホルム・エネルギー株式会社は、市民に電気と都市ガス、そして、地域熱供給システムを提供する公営企業である。同社は地球温暖化の防止と、自社のエネルギー生産設備への投資を抑制する目的から、市民とともにエネルギー消費の削減に取り組んでいる。ごみ処理はストックホルム廃棄物リサイクル株式会社が担当している。

ストックホルムは、区役所の機能を担う出先機関を18ヶ所に設置し、市民から好評を得ている。設置の内訳は西部地域に5ヶ所、中央地域に5ヶ所、南部地域に8ヶ所である。出先機関を設置した理由は、行政としてできるだけ市民に近いところで、より民主的に政治の決断を下すためである。出先機関は管轄する地域の社会福祉や公園管理などについて、かなり独立した管理体制を維持している。

ストックホルムの環境行政が市役所内の他の部署に対しておこなうアプローチは、次のようなシステムに基づいている。市議会議員は市議会で総括的な環境方針を決定する。それを具体的に表したものが環境プログラムである。ストックホルムが経営する公営企業15社は毎年、環境プログラムの内容に配慮した事業計画を策定し、環境目標を達成するように努めている。

ストックホルムは、内部監査だけでなく外部監査も導入しており、ストックホルムの全ての行政機関と市が経営する公営企業15社は、毎年の環境目標を達成できたか否かについて監査を受ける。ストックホルム環境課は、環境目標の達成状況について調査とフォローをおこなっている。環境目標の達成状況は市議会へ報告し、市議会はその結果に基づいて、今後の取り組みを決定する。

行政組織には様々な権限が認められており、産業界は行政の決定に基づいて具体的な対策を講じている。すなわち、ストックホルムの行政組織は、権限を持っているため、環境行政に関する予算は少額であるが、行政上の問題は生じていない。

3　ストックホルムの環境プログラム

ストックホルムは都市計画の一環として、1970年代から約5年毎に環境プログラムを策定している。

環境プログラムには、国際NGO「ナチュラル・ステップ」の4つのシステム条件を導入している。環境プログラムを策定する過程では、市内の中学生も討論に参加し意見を述べている。

予防原則

自動車を運転する場合は、排気ガスが環境負荷となる。排気ガスは環境に負の影響を及ぼし、人々の健康に被害を与える。

交通運輸に関わる負の影響により、喘息や気管支系疾患の病気を発症する人たちがいる。原因を取り除かないで病気の人たちに薬を投与して治療するだけでは、根本的解決につながらない。したがって、排気ガス問題を解決するには、公共交通機関の利便性を高めるとともに経済的動機付けを与え、あるいは、安全な自転車レーンと歩行者レーンを整備して（写真4-1）自動車を削減するか、もしくは、自動車用燃料をクリーンな燃料に転換するなどの予防原則に基づいた環境対策を講じる必要がある。

写真4-1

左側から順に歩道、自転車レーン、バス停留所、自動車道路。自転車とバス利用者の安全を確保するため、自転車レーンには横断歩道が描かれている。

ストックホルムは300台ある市バスの燃料を、化石燃料からバイオ燃料であるクリーンな植物性燃料のエタノールに転換した[5)]。エタノールは余剰ワインや間伐材のチップから抽出する。エタノールは化石燃料と異なり、大気中における温室効果ガスの二酸化炭素が増加しないで循環するクリーンな燃料である。スウェーデンとストックホルムは、公共交通機関を利用する市民の割合を増やすとともに、2021年には市内を走行する自動車の半数の燃料を、化石燃料からクリーンな燃料に転換する環境対策に取り組んでいる。

スウェーデンが掲げる15項目の環境目標に基づいて、ストックホルムは環境目標の中のどの項目が一番重要であるかを分析した。その際は個々の環境問題を点数化し、その環境問題の深刻度を決定した。

次に、多くの人々がその影響を受けているのか、そして、広い地域で影響を受けているのか、という影響の大きさを考慮した。その環境問題がネガティブな傾向にあるのか、解決されつつあるのかについても考慮した。

ストックホルムが問題を解決する際に他の機関に依存しなくても、市として独自に解決できる可能性があるか否かについても判断した。ストックホルムが独自に対応できる可能性を持っていても、技術的あるいは経済的に無理な事例もあるため、実際に問題を解決できる可能性があるか否かを判断した。

このような過程を経て、ストックホルムは重要な環境項目に焦点を当て、その環境項目に対して環境目標を策定した。

環境目標

ストックホルムの環境プログラムは、次に示す6項目の環境目標があり、総計で43項目の具体的な目標を策定している[6)]。

①　交通運輸　　公共交通機関の利便性を高めて利用者を増やし、自家用車を削減する。交通騒音を削減する。入港する船舶の排気ガスをクリーン化する。その他を含めて10項目の具体的な目標を策定した。

②　化学物質　　オゾン層の保護。歯科治療用アマルガムの使用禁止。スポーツ・フィッシングにおける鉛製の錘の使用禁止。その他を含めて10項目の具体的な目標を策定した。

③　再生可能エネルギー　　地域熱供給システムに使用する燃料は、少な

くとも 80 %を再生可能エネルギーで賄うなど、4 項目の具体的な目標を策定した。

④　生物多様性　　緑地、未開発地域、土壌、水域に関しては、7 項目の具体的な目標を策定した。

⑤　廃棄物問題　　環境にやさしい廃棄物処理を可能にするなど、4 項目の具体的な目標を策定した。

⑥　室内環境　　室内環境のリスク要因をなくすなど、8 項目の具体的な目標を策定した。

ストックホルムは環境目標を策定すると、最初に市の行政機関に導入する。しかし、ストックホルムの行政機関だけを対象にしても、環境目標を達成することは不可能であるため、ストックホルムは産業界に環境目標の導入を強く働きかける。市民に対しては、ストックホルムが取り組んでいる環境プログラムの様々な情報を提供し、理解と協力を求めている。

4　環境コミュニケーション

エコラベル

スウェーデンは環境教育を導入しており、グリーンコンシューマーが育っている代表的な国の一つである。

エコラベルは商品や製品の環境情報を、消費者に提供する環境コミュニケーションである。スウェーデンの主なエコラベルには、北欧エコラベル委員会が家庭用品などを対象に認定し、スウェーデン、ノルウェー、デンマーク、フィンランド、そして、アイスランドの北欧5ヶ国で適用する「ノルディックスワン」マーク、自然保護協会が紙製品や洗剤などを認定する「よい環境への選択（鷹）」マーク、そして、自然栽培コントロール協会が有機栽培農法で生産した農産物や、同様の農法で栽培した飼料で飼育した家畜の食肉類と乳製品を認定する「KRAV」マークがある[7)8)]。この他には、欧州連合EU が食品、飲料、薬品を除く日用品を認定する「EU フラワー」マークや、開発途上国援助機関が認定する「フェアトレード」マークも消費者の支持を得ている。

写真 4-2

電球の外箱に表示された EU の「省エネルギー」マーク。

洗剤は石けんに限らず、合成洗剤にもエコラベルが付いている。洗剤の認定基準は、洗剤成分の分解性が良く、なおかつ、汚れが落ちることである。わが国と異なり硬水地帯が多いため、洗剤の認定基準は石けんと合成洗剤を区別しないで、難分解性の洗剤成分を問題にしている。ストックホルムは中心市街地の 25 %が水に覆われており、水質環境に影響を与える洗剤やトイレットペーパーは、エコマークが付いていないと売れないため、売り場にはエコマークの付いている商品だけが並んでいる。このため洗剤メーカーは認定基準を満たす努力を続けている。

冷蔵庫、電球、蛍光灯などの電気製品には EU の「省エネルギー」マークが付いている（写真 4-2）。省エネルギーマークは、消費者に何をすることが環境に良いかを伝える、環境コミュニケーションの役割を果たしている。

野菜、果物、肉類、そして、乳製品の売り場には、KRAV マークの付いた商品が多く並んでいる（写真 4-3・写真 4-4）。KRAV マークの商品を扱う売り場には、次のように書かれたポスターを掲示している。「化学肥料や農薬を使用しないで、有機肥料を使用しています。それは表流水や地下水にも良いし、動物や野鳥にとっても良いことです。私たちの健康にとっても、KRAV マークの認定商品は良い商品です」。

鶏卵も KRAV マークの認定商品が多い（写真 4-5）。KRAV マークの鶏卵は、鶏の飼料を有機肥料で栽培しており、鶏の習性を尊重して雄鶏も一緒に飼育し、止まり木もあり、自由に歩き回る放し飼いの環境で飼育している鶏の産んだ卵である。家畜の飼育方法は、飼料の栽培が有機肥料か化学肥料かの区別もあるが、家畜が家畜として幸せな生活を過ごすことが重要な基準である。

写真 4-3

KRAV マークの付いている果物の販売コーナー。大きな KRAV マークを掲示している。

写真 4-4

KRAV マークの付いている果物の販売コーナー。中央の下にある袋にも KRAV マークが描かれている。

鶏卵の価格は、6 個入りで、KRAV マークの付いているものが 17SEK、KRAV マークのないものが 11.90SEK である。エコマークの認定商品の売れ行きは、きわめて順調である。

KRAV マークの認定商品を料理の素材に用いるオーガニック・レストラ

写真 4-5

KRAV マークの付いている鶏卵の販売コーナー。

写真 4-6

有機栽培された食材だけを使用するエコホテルのレストランは、KRAV マークの認定証明書（左側）を掲示している。

ンやエコホテルのレストランも増えている（写真4–6）。

スーパーマーケット

スーパーマーケットは集客力を高めて、売り上げを伸ばすために、環境負荷の少ない環境配慮型商品や、人の健康にとって安全で安心できる食料品を、豊富に品揃えすることが必須条件となっている。多くのグリーンコンシューマーが育っている国は、このように消費者主権の社会を構築している。消費者が環境配慮型商品を選択する際に、必要な環境情報を提供する方法には、消費者の関心が高いエコラベルの表示と、商品の陳列方法に特徴がある。

消費者に環境配慮型商品を分かりやすく表示するために、環境へのやさしさをイメージする緑色で価格表示板や商品陳列棚の前面を色分けし、そこに「エコラベル付き」の表示をしている（写真4–7～写真4–9）。消費者が購入したい商品の売り場に立つと、一目で環境配慮型商品が分かるようになっている。

エコラベルの認定商品は、商品価格が割高であるにもかかわらず、消費者の支持を得て、売り上げを伸ばしている。企業はこのような状況をビジネスチャンスとして捉え、自社の環境に配慮した取り組みや、環境配慮型商品を

写真 4–7

KRAV マークの付いている環境配慮型商品が並ぶ陳列棚は、前面を緑色にして「エコラベル付き」の表示をしている。

写真 4-8

「よい環境への選択（鷹）」マークの付いている環境配慮型商品は、緑色の価格表示板に「エコラベル付き」の表示をしている。

写真 4-9

「ノルディックスワン」マーク（左側）と、「よい環境への選択（鷹）」マーク（右側）の付いているトイレットペーパー。価格表示板にもエコラベルが付いている。

アピールするなど、消費者との環境コミュニケーションに努めている。

これからの企業経営は、環境負荷の少ないエコラベルの認定商品や、安全で安心できる食料品を、如何にして消費者に伝え、支持を得るかという、環境コミュニケーションが重要になる。

企業は環境対策や環境配慮型商品の開発を、単に社会的責任としてではなく、企業の生き残りを賭けた経営戦略として位置付けている。

●参考文献

1）City of Stockholm, "Stockholm' 02 Data Guide", City of Stockholm.
2）長谷川三雄「環境にやさしい風景―スウェーデンの環境都市カルマル―」『NPO 法人埼玉環境カウンセラー協会だより』No.20、6頁、NPO 法人埼玉環境カウンセラー協会（2004年6月）
3）Swedish Environmental Protection Agency, "Sweden in the Year 2021, Toward a Sustainable Society", Swedish Environmental Protection Agency, p.21, January 1999.
4）Ministry of the Environment, "Sweden's National Strategy for Sustainable Development 2002", Ministry of the Environment, p.21, June 2002.
5）Environment and Health Protection Administration in Stockholm, "Stockholm Clean and Green", City of Stockholm, p.20.
6）City of Stockholm, "Stockholm's Environmental Programme, En Route to Sustainable Development", City of Stockholm, p.3, February 2003.
7）長谷川三雄「環境にやさしい風景―スウェーデンのスーパーマーケット―」『埼玉環境カウンセラー協会だより』No.16、5-6頁、埼玉環境カウンセラー協会（2003年3月）
8）長谷川三雄「環境教育と環境コミュニケーション」『ベクサ』Vol.4、4頁、スカンジナビア・ニュースレター、スカンジナビア政府観光局業務視察部（2003年1月）

5章

ハンマビー臨海都市

ストックホルムは、2004年のオリンピック開催地に名乗りを上げていた時期がある。その際、ストックホルムの中心街に近いハンマビー臨海都市の再開発地域を選手村に活用し、オリンピックの終了後は住宅街にすることを計画した。オリンピックの開催地はアテネに決定したが、ハンマビー臨海都市再開発計画は、オリンピック誘致運動の影響を受けて急速に進展した。

ストックホルムはハンマビー臨海都市を世界で最も環境に配慮した未来型環境都市にすることを目指して様々な取り組みをおこなった。新しい環境技術を積極的に導入し、環境負荷を徹底して削減する街づくりがハンマビー臨海都市の特徴である。

ハンマビー臨海都市は、次に示すエネルギー技術を導入している[1)~4)]。

1) ソーラー発電
2) 太陽熱温水器
3) 燃料電池
4) 電気分解
5) マイクロ・タービン
6) 風力発電
7) バイオガス

ストックホルムはハンマビー臨海都市の再開発において、緑地やレクリエーション機能を取り入れた未来型環境都市づくりに取り組んだ。また、障がい者や高齢者に配慮したユニバーサルデザインを採用している。

1　ストックホルムの発展

1600年代のスウェーデンは、好景気を経験した。当時の国王は、バロック建築を中心とした都市計画を実行した。ストックホルムには1600年代から1700年代に建てられた、古い建物が残っている。

1800年代に再び好景気の時代を迎え、ストックホルムはさらに発展していった。当時の都市計画に基づいて建物に要求された条件は、5階建て以下にすることである。その理由は、消防自動車の梯子が6階以上に届かないためである。今でもストックホルムの中心街は、5階建ての建物が建ち並んでいる。

ストックホルムは1900年代に入ると、多くの農地を買い上げた。そして、ストックホルムの郊外には、電車などの公共交通機関で結ばれた衛星都市が広がっていった。建物は太陽の光が室内に届くように、間隔を離して建てたため「公園の中の住宅」という名称が付いている。

当時の住宅は、台所と1部屋だけの小さな住宅が普通であった。そのような住宅に、子供のいる家族が住んでいた。子供たちが成長し、親元を離れていくと、お年寄りだけが取り残された。学校は廃校になり、商店は閉店した。

ストックホルムは、そのような地域で新しい住宅を建設した。古い建物は2世帯分のスペースを1世帯分に改築して居住面積を広くし、エレベーターも取り付けた。

その結果、子供を持つ家族が引っ越してきた。子供が増えたため、学校を開校した。お年寄りもエレベーターのある新しい住宅に引っ越すことができた。

第二次世界大戦以降

ストックホルムは第二次世界大戦以降、人口増加により、住宅建設の必要が出てきた。その解決策は、地下鉄を郊外へ伸ばしていくことであった。地下鉄に沿って、新しい街を開発していった。地下鉄の駅を中心にして8000人から1万人の人々が住む街を開発した。この人口規模になると、デパートや映画館もできるし、教会や学校のある街ができる。

ストックホルムは1960年代に、住宅難になった。当時の政府は、住宅をできるだけ短期間に建設する方針で臨んだ。その結果、工場で大量生産したような建物が、住宅街に建ち並んだ。建物は全て8階建てである。技術的な理由と、できるだけ効率良く建設するようにした結果である。そのため、変化に乏しい、個性のない街並みになった。建物の内側にある居住空間は良いが、外観は非常に殺風景で、興味を引かない住宅街になった。この現象はスウェーデンだけでなく、1960年代にヨーロッパの多くの国々が開発した集合住宅地で見ることができる。

1970年代は不景気になった。住宅を建設する時は、魅力的な建物にしないと人々が購入しないため、再び魅力的な住宅街が建設された。自動車は危険というイメージから、道路は住宅街から離して造った。住宅街に入って来る道路は、自動車が通り抜けできない道路や、人間と自転車だけが通る道路、そして、子供たちが遊べる道路にした。

現在のストックホルムは、年間5000人から1万人が移り住んで来る。不足する住宅問題を解決する方法として、使わなくなった古い工業団地を、新しい住宅街に再開発している。

2　ハンマビー臨海都市

ハンマビー臨海都市開発は、ストックホルムの中心市街地から南東約4 kmに位置し、面積180 haの大規模エコロジカル建設プロジェクトである(写真5-1～写真5-3)。ハンマビー臨海都市が造られた地域は、1930年代から使われていた古い港と、臨海工業団地があった。1992年に新しい住宅街に再開発することになった。再開発はストックホルムの都市マスタープランに基づいて実施した。

ハンマビー臨海都市の開発は1995年に始まり、2017年に完成予定である。居住人口は2万6000人、世帯数は1万1500世帯、就業人口は1万人である。

ハンマビー臨海都市の建物は、景観保全に配慮して、高層化していない。また、窓を大きくし、広いバルコニーを備えている。環境に配慮したハンマ

写真 5-1

建設中のハンマビー臨海都市。

写真 5-2

湖面に臨んで建物が建ち並ぶハンマビー臨海都市。

ビー臨海都市は非常に人気があり、建物が完成していない段階で、売約済みの住宅が多くあった。ストックホルムの一般的住宅は、4LDK の間取りで広さ 100 m^2 であるが、ハンマビー臨海都市には 6LDK の間取りまである。最も高額な住宅は 630 万 SEK である。

一部の建物は、ストックホルムの公営企業が建設して、賃貸マンションにしている。賃貸マンションの維持管理は、建設した公営企業が担うシステムである。

写真 5-3

公園の地下は、270台自動車を収容できる駐車場になっている。日中はハンマビー臨海都市で働く人たちの駐車場になり、夜間は居住者の駐車場に利用している。

未来型環境都市

ハンマビー臨海都市には、自然の森が残されており、樹齢400年の「なら」の大樹が植わっている。緑地は市民が自然や生き物と触れ合うことができる快適な空間になっている。

ストックホルムは、ハンマビー臨海都市をできるだけ未来型環境都市にすることを提案した。建材はリサイクルの容易な木材、石材、ガラスなどを使用している（写真5-4）。リサイクルの困難なプラスチックなどの石油製品は、極力使用しない。ストックホルムはリサイクル指向の強い建設計画に基づいて、街づくりを推進した。

ハンマビー臨海都市で発生するごみとそのリサイクル、そして、下水処理施設には、新しい環境技術を導入した（写真5-5）。

①　**ごみ処理**　家庭で発生する可燃ごみは、ごみ焼却施設で処理している。その際に発生する焼却熱は、地域熱供給システムとして再びハンマビー臨海都市に戻って来る。スウェーデンは40年以上前から、このような生活インフラの整備に取り組んでおり、非常に上手く機能している。ストックホルムは地域熱供給システムを、多くの地域で導入している。

ハンマビー臨海都市は、生ごみからバイオガスを回収している。その費用は、生ごみを焼却して焼却熱を得る費用に比べると、約10倍も高額である。

写真 5-4

湖面の周囲に建物が建ち並ぶハンマビー臨海都市。水辺は環境にやさしいウッドデッキになっている（左側）。

写真 5-5

住宅の模型（左側）と、ごみや下水のリサイクルシステムを表すフローチャート（右側）。

しかし、バイオガスは化石燃料のガソリンやディーゼルに比べると、非常にクリーンな燃料である。

ハンマビー臨海都市のごみ処理は、種類毎に分別して、集合住宅の入口近くに設置したごみシューターに投入する。投入したごみはバキューム方式により、地下のパイプを通って中央集積所へ送られる。

② **下水処理**　下水は下水処理施設で浄化している（写真5-6）。下水は廃熱を含んでおり、その廃熱を回収して地域熱供給システムの温水を沸かすエネルギーの一部に利用している。下水処理施設で浄化した水は、地域熱供給システムの温水の原水に使用している。

下水処理施設は下水汚泥を排出するため、下水汚泥からバイオガスを発生させている（写真5-6）。バイオガスはバスや自動車の車両用燃料、そして、台所のバイオガスレンジに使用している。

最終的に残ったバイオマスは、農地に施肥している。しかし、下水汚泥が重金属などに汚染されている場合は、農地にバイオマスを施肥することはできない。

ストックホルムが全額出資している公営企業の一つに、上下水道に携わっているストックホルム・ウォーター株式会社がある。この会社はバイオガスの生産技術の開発や、新しい自然エネルギーの開発に、利益の一部を投資している。スウェーデン政府も環境対策に補助金を支出している。

③ **公共交通機関**　公共交通機関は路面電車やバスの他に、湖や運河を利用したフェリーも導入している。自転車レーンと歩道を整備し、カーシェアリングも導入している。

写真5-6

正面の丘では、下水処理施設（左側）とバイオガス施設（右側）が稼働している。

写真 5-7

環境情報センターに展示しているハンマビー臨海都市の模型。ソーラー発電などの各施設のボタンを押すと、設置場所のライトが点灯する。

写真 5-8

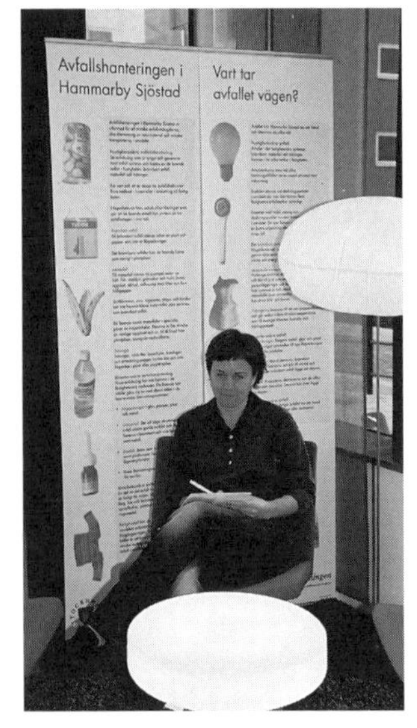

環境情報センターでは、ハンマビー臨海都市が取り組んでいる環境への配慮をパネルで展示している。

3　環境情報センター

市民にハンマビー臨海都市の未来型環境都市を説明し、理解を深めてもらうために、ハンマビー臨海都市の中心部に環境情報センターを設置した（写真 5-7・写真 5-8）。環境情報センターは、ハンマビー臨海都市で導入する新しい環境技術を紹介している。なお、環境情報センターは、2013 年に役目を終えて閉鎖した。

屋上にはソーラー発電施設が設置してあり（写真 5-9）、発電した電力は階段などの共有スペースで利用している。

写真5-9

環境情報センターの屋上に設置しているソーラー発電施設。ソーラー発電施設の裏は、燃料電池用の水素ボンベが並んでいる。

●参考文献

1）Fortum, "Brief information about GlashusEtt-Hammarby Sjöstad", Fortum.
2）Fortum, "New Energy Technology", Fortum.
3）Fortum, "Solvärme", Fortum.
4）Fortum, "Biogas", Fortum.

6章

カルマルの持続可能な発展

スウェーデン南東部に位置し、人口6万人の環境都市カルマルは、森と湖に囲まれたスモーランド地方の中心都市であり、スウェーデンでは中規模の自治体である。カルマルはスウェーデン国内において、最も環境保全に取り組んでいる自治体の一つであるため、人と自然にやさしい環境を求めて移り住む人たちが多く、市内のアパートに入居を希望する人たちが順番を待っている。カルマルはスウェーデンの中でも日照時間が長く、海岸線には美しい島がある。

カルマルの特徴は、環境技術の開発に成功し、発展している企業が多いことである。カルマルは、周辺地域に広がる豊富な森林資源をバイオマス産業に有効活用して発展している。カルマルで消費する全エネルギーの75％は、バイオガス燃料で賄われており、二酸化炭素の排出量を大幅に削減している。

1 カルマル

スウェーデンは地方分権が進んでおり、自治体は強い権限を持っている。スウェーデンの多くの自治体は、持続可能な発展について様々な視点から施策を策定し，施策を実行する責任者としてアジェンダ21コーディネーターを、市長直属のポストにしている。

カルマルの取り組み

環境都市カルマルは、スウェーデンの持続可能な発展に関して、最先端にいる自治体の一つである。

ボー・リンドホルム氏（写真6-1）は、カルマルの初代のアジェンダ21コーディネーターに就任した。リンドホルム氏は1970年代にカルマルに着任したが、その当時、大学で環境学を専攻した市職員は、リンドホルム氏一人であった。

スウェーデンにおけるエネルギー消費の特徴は、長く寒い冬を乗り越えるために、建物内のエネルギー消費が大きな割合を占めている。カルマルは、住宅や学校などの施設を省エネルギー化することに重点を置いている。市内の高校では、エネルギー問題に取り組む生徒や、建築に関わる生徒が学んでいる。生徒は将来、スウェーデンの持続可能な発展を担っていく次の世代である。カルマルは生徒の通学する学校自体が、持続可能な社会の中で具体的に機能するものでなければならないと認識している。例えば、高校の建物には、再生可能なクリーンエネルギーであるソーラー発電施設を設置しており、美容師を目指して学んでいる生徒は、太陽熱温水器で沸かしたお湯を使って、シャンプーの実習に励んでいる。カルマルは生徒に好ましい学習環境を提供することで、生徒自らが自分たちの職業に関係する環境問題を考えるように工夫した教育をおこなっている。

カルマルの保育園は、スウェーデンの他の保育園と同様に、子供たちは弁

写真6-1

環境先進国スウェーデンにおいて、最先端にいる環境都市カルマルのアジェンダ21コーディネーターとして環境行政を推進してきたボー・リンドホルム氏。

当の食べ残しを、黄色いバケツに入れてコンポスターに運び、コンポストを作っている。子供たちは、食べ残したものが数週間経つと、コンポストになることに興味を抱いている。

弁当の食べ残しをコンポストにすることは、決して循環型社会の正しい姿ではなく、食べ残しを出さないことが大切である。保育園は保護者に対して、子供が食べ残しをしない弁当を持たせるように求めている。

持続可能な社会を築くには、教育が大切である。地球環境問題の解決に取り組む意識づくりには、環境教育が重要な役割を果たしている。環境教育は、学校、職場、地域社会を通じて子供から大人まで、あらゆる年齢層の人々に導入されるものである。特に子供たちは、自然や生き物に触れることによって豊かな感性を養うとともに、環境倫理を深く理解するためにも、環境教育は可能な限り早期に導入することが大切である。環境教育は単に知識を習得するだけでなく、人々が様々な環境保全活動に対して、具体的に取り組んで行くことを目的としている。

子供たちは保育園に通う時から環境に配慮した生活をしていると、子供たちにとってはその生活が自然であり、そのようなライフスタイルが普通で、正しいと自覚するようになる。カルマルでは、保育園、小学校、中学校、高校、大学まで、環境に配慮した建物や施設の中で、教育がおこなわれている。ここで学んでいる子供たちは、将来の企業にとって大切な顧客になる。子供たちが大人になった時、環境に配慮した安全な食料品や自動車、家具などを要求するようになる。スウェーデンはグリーンコンシューマーの割合が高いことからも、環境教育を早期に導入することの必要性が理解できる[1)2)]。

ごみ埋立処分場の事務所は、廃棄され埋め立てられる予定の屋根や床材などの古い建材を再使用して建てている。屋根を覆う赤レンガは解体した病院の廃材であり、床材は解体した学校の廃材を再使用している。ここの作業員は、カルマルが市民に推奨しているリサイクルを自ら実行しており、持続可能な社会を構築する上で重要な役割を果たしている。事務所で使う暖房用の燃料は、ごみの埋立処分場から発生するバイオガスを利用している。トイレはパイロットモデルであるが、尿と便を分別するタイプになっている。事務所の2階には会議室があり、小学校高学年の子供たちが環境教育を受けるために利用されている。スウェーデンは、ごみの素材分別をおこなっているが、廃棄物の処理が上手く機能するには、市民の協力が不可欠である。

カルマルにはバイオガスの生産施設があり、バイオガスの一部は自動車用燃料に使用している。カルマルの市長と副市長の公用車は、早い時期から車両燃料にバイオガスを用いている。行政のトップが、車体に「バイオガスで走っています」と書いた公用車に乗っていることは、市民に対して環境を保全する強い決意を表明する上から、大変重要な意味を持っている。

持続可能な発展は、経済的にも発展できるものでなければならない。カルマルから35 km 離れたところに、世界で最も近代的な製紙工場がある。その製紙工場は環境に負荷を与えないために、早い時期から塩素漂白をしない紙を生産しており、ドイツの製紙市場でも大きなシェアを占めている。製紙工場は紙の製造過程だけに環境対策を導入したのではなく、紙を輸送する船舶にも触媒を付けて排ガスをクリーンにするなど、輸送時における環境汚染の防止対策も講じている。製紙工場が環境保全を目的として積極的に経済投資をおこなった理由は、環境保全だけでなく企業として経済的な利益を得るためである。

カルマルは、行政、産業界、大学、そして、市民の間で持続可能な発展に向けた協力体制を築いており、ネットワークの構築が進んでいる。カルマルは、行政、産業界、大学、市民が、同じ考え方を共有し、共通した方向性を有しながら、具体的なプロジェクトを推進している。カルマルは今までに養われた様々な知識や技術を、東ヨーロッパをはじめとする多くの国々の行政機関や民間企業に輸出している。カルマルのネットワークは、市のレベル、国のレベル、そして、国際的なレベルにまで拡大している。

国 際 協 力

カルマルは国際的に協力しながら、様々なプロジェクトに取り組んでいる。その一つは古い集合住宅を改築するプロジェクトであり、同様のプロジェクトは欧州連合 EU の7ヶ国でも進行していた。カルマルは、EU の7ヶ国が集合住宅を改築する時に、どのように改築するべきなのか、そして、どのように環境に配慮するべきなのか、というガイドラインを作成している。

カルマルは国際的に協力しなければ、市民に持続可能な発展や、良い環境を提供することは不可能であると考えている。その理由はカルマルの前に広がるバルト海にある。バルト海は閉鎖性水域であり、東ヨーロッパの国々で発生した汚染物質や汚濁物質が流入し、海洋汚染が深刻になっている海域である。バルト海の水質浄化を可能にするには、東ヨーロッパの国々に対して、環境技術を導入するように働きかけ、カルマルの企業が開発し蓄積してきた環境技術を提供し、一緒に環境対策を推進して行かなければならない。

市長とリンドホルム氏はベトナムに出かけ、ベトナムの持続可能な発展に貢献した。ベトナムが持続可能な発展をするのに必要な環境技術として、カルマルの企業が開発した環境技術を輸出するためであり、カルマルは先進諸国がベトナムに対しておこなうODA援助を視野に入れた戦略を展開した。

持続可能な発展

持続可能な発展の基礎となる考え方は、エコロジーだけでは不十分であり、経済的問題と社会的問題を含める必要がある。持続可能な発展は、経済的な利益を得なければならないし、社会的にも上手く機能することが重要である。

持続可能な発展に取り組む人たちには、共有する考え方と共通する方向性がないと、お互いに協力することは不可能である。カルマルは、共有する考え方と共通する方向性を見出すために、多大な労力と時間を費やしている。また、行政や企業のトップが、持続可能な発展が必要だという気迫を持って取り組むことが重要である。

最初から難しい事柄に取り組むのではなく、必ず成功するやさしい事柄に取り組む方が良い結果につながっていく。小さな成功例を増やすことが、大きい事柄に取り組んで失敗するよりも重要である。取り組むことが楽しくなることも重要な要素であり、成功したら皆でお祝いすることも必要である。

人間が持続可能な発展を目指して行動するには、何が必要かというと、第一は知識である。しかし、例えば、地球温暖化について知識があるからと言って、その人が行動することにはつながらない。第二は、得た知識を使う可能性が与えられていることである。バイオガスや再生可能な燃料で動く自動車に乗ることのできる可能性があり、その自動車は誰もが買える安い価格で提供されなければならない。同様に、行政や企業の場合は、そのような環境にやさしい自動車を購入する権限が与えられている担当者がいなければならない。これらの要素が整っていても、あまり行動にはつながらない。権限を与えられた担当者の責任感が必要になるとともに、その担当者は自分がそうすることに意義があるという認識を持たないと行動することはできない。人間は最終的に良い意味での利益がないと行動しない。さらに加えるならば、環境倫理が必要となる。例えば、スウェーデンの大手家具メーカーであるイケア・インターナショナルは、会社独自で環境倫理に関するガイドラインを定めている。

持続可能な発展について、市民の参加を求める手段として、市民に知識を広めることも必要であるが、市民が行動するための可能性を創造する努力をしていかなければならない。環境にやさしくなるように集合住宅を改築する時は、集合住宅の居住者に直接参加してもらう方法を導入することが不可欠である。

2　インスペクトレン集合住宅再開発プロジェクト

カルマルヘム住宅会社はインスペクトレン集合住宅の経営者である。カルマルヘム住宅会社のオーナーはカルマルであるが、市から助成金を受けたり、特権を与えられていることはなく、一般の民間企業と同じである。

インスペクトレン集合住宅は、1950年代に建てられた古いアパートで、160世帯が入居しており、その半数は2DKタイプの部屋である。

居住者の年齢層は、25歳から30歳までの比較的若い世代と、60歳以上の高齢者に二極化している。インスペクトレン集合住宅は、安全で安心して生活できる地域にあるため、一人暮らしの女性が居住者の半数を占めている。室内には衣類などを収納するスペースが十分に確保されており、居住者はアパートの快適性に満足している。

スウェーデンの一戸建て住宅と集合住宅の割合は、50％ずつである。国土が広く、人口密度の小さいスウェーデンにおいて、集合住宅に入居する傾向が50％を占める第一の理由は、経済的な問題であり、第二の理由は、高齢者にとって一戸建て住宅のメンテナンスが大変なためである。

改築プロジェクト

改築プロジェクトを始める前に、多大な労力と時間をかけてライフ・サイクル・アセスメントLCAを用いた事前調査を実施した。カルマルヘム住宅会社と居住者は、1995年に同じテーブルについて、改築プロジェクトの話し合いを開始した。

1997年にカルマルヘム住宅会社は、居住者に3種類の改築モデルを提示した。改築モデルは、環境に配慮した最先端の技術を導入して改築する部屋、中規模の改築をする部屋、そして、ほとんど手を加えないで改築する部屋、の3種類である[3)]。3種類の改築モデルを提示した理由は、居住者にできるだけ多くの選択肢を与えることによって、気に入った改築方法を選択できるようにするためである。

カルマルヘム住宅会社のビジネス・アイデアの特徴は、居住者自身が自分たちの生活をできるだけ快適にするために改築プロジェクトに参加し、また、建物自体も持続可能な発展と環境に配慮するようにしたことである。改築プロジェクトのコンセプトは、できるだけ環境と社会に配慮して改築する。そして、経済的に限られた枠組みの中で改築することである。改築で得た知識と経験は、次の改築をおこなう時に使うことができるし、持続可能な発展のために役立てることができる。ここの改築プロジェクトは、スウェーデン国内でも注目を集めた事業であり、落成式には環境大臣が出席した。

改築プロジェクトのユニークな点は、改築に使用した建材や設備が、どれくらい環境に配慮しているかを計測していることである。建材を選定する基準は、カール・ヘンリク・ロベール氏（写真6-2）が創立した、国際NGO「ナチュラル・ステップ」の4つのシステム条件に基づいている[4)]。4つのシステム条件を多く満たしている建材であっても、経済的そして機能的に無理と判断された建材は除外した。

160世帯のうち、155世帯が最も手を加えない改築を選び、5世帯は最先端の環境技術を導入した改築をおこなっている。アパートは改築するとコス

写真 6-2

国際 NGO「ナチュラル・ステップ」創立者のカール・ヘンリク・ロベール氏（左側）。ナチュラル・ステップはスウェーデンの環境行政に大きな影響を与えている他、自治体や国際的企業の内部環境教育や環境経営ビジョンをサポートしており、高い評価を得ている。

トがかかるため、家賃は高くなる。1ヶ月の家賃は、最先端の環境技術を導入して改築をおこなった部屋が 5600SEK、ほとんど手を加えないで改築した部屋が 4000SEK である。中規模の改築をした部屋の家賃は、4700SEK を予定していた。

環境に配慮した最先端の技術を導入して改築した部屋は、室内に植物を置いて、光合成作用で室内の空気を浄化するため、植物の手入れが好きな人や、新しい環境技術に関心のある人でないと部屋を維持することは難しい。居住者はベランダについても、ベランダのままにしておくのか、ガラスを入れるかを選択した。ベランダに使われている木材は、油分を多く含み、耐水性の強いダークル材が使われている。

環境への配慮

カルマルは、インスペクトレン集合住宅の改築をおこなう時、暖房用に消費するエネルギーの削減と、廃棄物の削減について、短期目標および長期目標を定めている。エネルギーに関する短期目標は達成している。廃棄物に関する短期目標は、素材分別を実施しているが、ごみの量そのものが増加しているため、達成していない。エネルギーについては、カルマルにあるドラーケン地域熱供給施設を利用している。また、屋根にはソーラー発電施設を設置している。

外壁や屋根は、ほとんど改築しないで、雨水と下水と廃棄物に焦点を絞って改築した。また、階段を外に出して、改築前にはなかったエレベーターを取り付けている（写真6-3）。

改築の際は、上水道管と下水道管、そして、電気配線などのインフラを取り替えた。電気アレルギーの人たちへ配慮して、電磁波を出さない電気配線を導入した。

スウェーデンの一般家庭では、一人当たり年間に排出するごみの平均値は350 kgであるが、インスペクトレン集合住宅では、150 kgに削減する目標を立てている。その削減対策の一つとして、スウェーデンではきわめて稀なケースであるが、生ごみ処理用のディスポーザーを導入している[5]（写真6-4）。ディスポーザーで処理した生ごみは、バイオガスの原料源に利用している。

雨水は、雨水収集システムによりタンクに溜めた後、ポンプで敷地内の家庭菜園や花壇へ送り、散水に利用している（写真6-5）。タンクに入りきらない雨水は、アパートの敷地内で土壌中へ浸透させている。

写真6-3

改築プロジェクトによって、外に出した階段部分が見えている（左側）。エレベーターは古い階段を壊して設置した。出窓の下には空気の取り入れ口があり、出窓の前に植えてある植物の光合成作用を利用して、浄化した空気を建物内に取り入れている。

写真 6-4

左側のシンクの下に、生ごみ処理用のディスポーザーを設置している。

写真 6-5

雨水貯水用タンク（正面）は、3 棟の雨水をパイプを通して貯水している。

カルマルヘム住宅会社は、各世帯の電気と水の使用量を把握するために、同社のコンピューターと各世帯のパソコンを接続している。改築した後に導入したこのシステムにより、居住者のエネルギー消費量と水の使用量を把握することができる。暖房の設定温度は 21 ℃であるが、居住者が温度を19 ℃に設定したならば、その差額分は年 1 回ボーナスとして居住者に返金する。水の使用量は、改築前に比べて 15 %削減している。

インスペクトレン集合住宅の構造は、外部のきれいな空気を建物全体に取り入れるようにしている。外部の空気は出窓の下にある取り入れ口から建物内に入り、そして、建物の中の暖かい汚れた空気が外部へ出る時は熱交換をおこない、その回収した熱は、外部から取り入れた、きれいで冷たい空気を暖めるために利用している。室内にきれいな空気を取り入れるために、取り入れ口の前に植物を植え、光合成作用を利用して空気を浄化している（写真6-3）。植物には自動的に給水しているが、時間によって給水しているため、上手く機能していない。植物への給水は、湿度によっておこなうべきである。

素材分別した後の資源の処理費用は、アパートの家賃に含まれている。ガラスビンや包装物は、生産者責任に基づいて、処理費用が商品価格に上乗せされている。居住者が利用するリサイクルハウス（写真6-6）はカルマルヘム住宅会社が用意したものであり、リサイクルステーション（写真6-7）はカルマルが用意したものである。居住者は両方の集積所へ出すことができる。リサイクルステーションの素材分別は次のとおりである。

1）雑誌や新聞などの古紙・厚紙類
2）硬質プラスチック類
3）軟質プラスチック類

写真6-6

リサイクルハウス。入口には鍵が付いており、居住者以外は入れない。

写真 6-7

リサイクルステーション。居住者の環境意識が高く、素材分別は正しくおこなわれている。

4）缶などの金属類

5）無色のガラスビン

6）着色したガラスビン

7）古着や靴

8）電池

硬質プラスチック類と軟質プラスチック類は分別を間違いやすいため、各コンテナを離して設置している。

3　カルマルダーム

カルマル空港は、滑走路の凍結を防止するため、窒素を 50 %含むウリアを撒いている。富栄養化の原因物質である窒素による汚染は、川に負荷を与え、さらに、窒素は川から海へ流れ出て行くため、海域も汚染する。

カルマル空港から 1 km 離れたところに、窒素を浄化する人工湿地カルマルダームが造られている。排水処理施設を造らないで、湿地が持つ自然の水質浄化システムを利用して水質を浄化している。

カルマルダームのプロジェクトは、国立旅客航空局とカルマルの協働で実施されており、自然の機能を用いて窒素を浄化するシステムを導入している[6]。カルマルダームの維持管理をおこなっているバッテン・オック・サムヘルステクニーク社は、カルマルダームで導入している水質浄化システムの技術を、1980年代中頃に開発した。

湿地の建設コストは約400万SEKであり、国立旅客航空局とカルマルが半額ずつ負担している。

人工湿地システム

人工湿地システムは、カルマル空港から窒素が流入して来た川の水を、ポンプで1m汲み上げるところから始まる。川から汲み上げた水は、木の囲いの中を流れる時、水量を正確に測定するとともに、水質検査もおこなっている（写真6-8）。ポンプは川から毎秒600Lの水を汲み上げて、湿地へ流し込むことができる。

最初の池の水深は1.5mであり、様々な工夫を凝らした8ヶ所の池が集まって、水質浄化システムは機能している。湿地の全面積は40haあり、池は20haを占めている。水質浄化システムは、植物と水中の微生物によって成り立っている。水質浄化システムで利用している植物は、「蘆」のように水面の上に出ている植物と、水中に生えている植物の両方を利用している。池では、水深とそこに生えている植物に変化を持たせて、水が1ヶ所に留まらないで、拡散するように配慮している。

写真6-8

人工湿地システムの入口。川から汲み上げた水が、木の囲い部分を経て、奥の池へ流れていく。

カルマルダームの水質浄化システムは、人工的なエコシステムを構築して、水質を浄化している。利用している微生物は、バッテン・オック・サムヘルステクニーク社が意図的に湿地に入れたのではなく、昔からカルマルダームに生息している微生物を利用している。これは生態系に対する配慮である。水が池に留まる時間は、普通は１週間であるが、２日間から1ヶ月間の幅がある。

カルマルダームは、空港から流出する窒素を浄化するだけでなく、農地から流出する窒素も浄化している。また、道路からの雨水も流入してくるので、重金属も浄化している。重金属は沈殿して、底質の中に堆積するが、このシステムから消えることはないため、将来は除去する方向で検討している。

窒素の浄化を最大限可能にするには、池やその周囲に生えている植物を最終的に刈り取る必要がある。循環という原則を考えると、刈り取った植物は発酵タンクに入れてバイオガスを生産し、残ったバイオマスは安全を確認した後、肥料として農地へ還元することになる。

生態系への配慮

カルマルダームには、歩道や屋根のある休憩所が建っている（写真6-9）。ここは水質を浄化する施設であるとともに、カルマルの市民が訪れるレクリエーションや憩いの場にもなっている。また、小学校低学年から大学生まで、環境教育の場所としても活用

写真6-9

市民が散策する歩道（左側）と、屋根のある休憩所。

されている。

カルマルダームには、約100種類の野鳥が飛来する。野鳥の会の人たちと話し合い、野鳥のために歩道を作らないで、人の立ち入りを禁止している地域もある。

カルマルダームの池は、水質浄化施設であり、美しい施設でもある。カルマル空港から流れてくる窒素を浄化する施設であり、従来の排水処理施設に比べてコストが非常に安い。カルマルは、道路や建物の屋根から流れる雨水を全てカルマルダームで浄化した後、バルト海へ排出している。

4　木質バイオマス工場

スウェーデンは森林資源が豊富なため、木質バイオマスの需要が増加している。カルマルにある木質バイオマス工場は、個人消費者向けに販売している（写真6-10）。カルマル市民だけでなく、近隣の自治体の住民もウッドペレットを買いに来ている。

ウッドペレットの主な原料は、床材の生産工場で発生する木屑である。ウッドペレットを買いに来る人たちの多くは、今まで薪を使って暖房していた

写真6-10

市民が木質バイオマスを袋に詰めている。量り売りは最も価格が安価になる。

人たちである。自分で薪を作ることは大変な労力であるため、ウッドペレットを買いに来ている。

オイルストーブを使っていた家庭は、オイルよりもウッドペレットが安く、また、環境にやさしいため、オイルストーブをやめてペレットストーブに換えている。木質バイオマス工場では、家庭用ペレットストーブの展示販売をおこなっている。

小さなウッドペレットは、大きなブリケットよりも生産プロセスが複雑なため、価格が高い。エネルギー源としてペレットとオイルを経済的に比較すると、ペレットはオイルの半額になる。ペレットの原料は木材だけであり、木屑をペレットにするために固める時は、摩擦熱で固めている。ペレットは原木の約3分の1の容積になる。

量り売りで販売する価格は、ウッドペレットが1トン当たり1800SEK、ブリケットが1トン当たり1500SEKであり、300SEKの価格差を生じている[7)]。ウッドペレットの一番大きな袋詰めは10 kg入りで、販売価格は25SEKである。

5　ドラーケン地域熱供給施設

ドラーケン地域熱供給施設は24時間稼働している。カルマルには総延長が約100 kmの給湯パイプラインが整備されており、市民の80 %にエネルギー源として温水を供給している。給湯パイプラインが整備されていない地域は、住宅がほとんどなく、給湯パイプラインを埋設しても採算が取れない地域である。

エネルギー源

ドラーケン地域熱供給施設の温水を沸かすエネルギー源は、3種類に分かれている。

第一のエネルギー源は、ヒートポンプで回収した下水廃熱である。これは熱の20 %を供給している。

第二のエネルギー源は、オガ屑を燃料として使用する3基のボイラーである。これは65 %の熱を供給している。

燃料のオガ屑は、35 トン車で搬入している。

第三のエネルギー源として、残りの15％を賄う燃料はオイルである。オイルは、下水廃熱とオガ屑で賄う85％のエネルギーで不足する時に限定して、使用する。

1台のトラックで35トンのオガ屑をドラーケン地域熱供給施設に運んでいるが、冬の期間は一日当たり10台のトラックが必要になる（写真6-11）。燃料のオガ屑は、カルマルから20 km離れたところに、床材を生産している工場があり、そこから運んでいる。従来は木屑を廃棄物として処理していたが、現在はエネルギー源として、新しいビジネスにつなげている。その他の燃料源は、間伐材を利用している。

ドラーケン地域熱供給施設から各家庭へ送られる温水の温度は98℃、戻って来る温水の温度は46℃である。

環境意識の高揚

ドラーケン地域熱供給施設は、自社の経営にとって環境問題が非常に重要であると認識したことが、企業として成功した要因になっている。環境意識の高い顧客はドラーケン地域熱供給施設に対して、自分たちのエネルギー源は環境に負荷を与える化石燃料ではなく、再生可能な燃料を使用するように要求した。ドラーケン地域熱供給施設は環境にも対応し、経済的にも成功した良い例である。

スウェーデンは化石燃料に、環境税を課税しているが、木質バイオマスには課税されないため、経済的に採算が取れており、利益を得ている。ドラーケン地域熱供給施設は、二酸化炭素を減らす意味で成功し、二酸化炭素を減らすことによって、経済的にも利益を得ている。

インフラ整備　ドラーケン地域熱供給施設で沸かした温水は、家庭、アパート、ホテルの設備に送られている。そこで熱交換をおこない、それぞれの建物の水を温めて温水にして、シャワーや暖房に使用している。ドラーケン地域熱供給施設は、一日当たり5 m^3 の温水を失っている。その原因はパイプラインのどこかで、温水が漏れているためである。

インフラを整備するには莫大な費用と時間を必要とするが、スウェーデンは1970年代から自治体に補助金を支出して、インフラの整備に取り組んできた。インフラが整備され、そのエネルギー源をオイルから木質バイオマスに替えてきた。

北欧は地域熱供給システムの整備が非常に進んでいる。ドイツでは限られた一部の地域で導入されているが、ヨーロッパにおける地域熱供給システムは、まだまだユニークな取り組みである。例えば、オランダは地域熱供給システムのインフラが整備されていないため、エネルギー源がオイルの建物や、電気の建物に分かれており、暖房システムが異なっている。

●参考文献

1）長谷川三雄「環境教育と環境コミュニケーション」『ベクサ』Vol.4、4頁、スカンジナビア・ニュースレター、スカンジナビア政府観光局業務視察部（2003年1月）
2）長谷川三雄「環境にやさしい風景―スウェーデンのスーパーマーケット―」『埼玉環境カウンセラー協会だより』No.16、5-6頁、埼玉環境カウンセラー協会（2003年3月）
3）Kalmarhem AB, “THE REFURBISHMENT OF THE INSPEKTOREN PROJECT IN KALMAR”, Kalmarhem AB, p.9, 2000.
4）http://www.tnsj.org/tnsj/tnsjdata/052.htm
5）Kalmarhem Ltd-Vatten och Samhällsteknik AB, “The Inspektoren Residential Area, Measurements and behavioural studies-Summary Report”, Kalmarhem Ltd-Vatten och Samhällsteknik AB, p.10, 2002.
6）Swedish Environmental Technology Network, “Regional network unites environmental expertise in southern Sweden”, Swedish Environmental Technology

Network.

7）Pellets och briketter köper du på Bränsleuset, "Prislista för biobränsle", Pellets och briketter köper du på Bränsleuset.

資料Ⅱ-1

キャンディーの量り売り。欲しい種類のキャンディーを、欲しい量だけ購入する。キャンディーは、商品棚の左側に重ねてある紙袋に取り分ける。パッケージ商品に比べ、量り売りはパッケージに要する人件費と包装代がかからないため、安く購入でき、資源の保全にもつながる。

資料Ⅱ-2

ドッグフードの量り売り。

資料Ⅱ-3

KRAVマークの付いたドッグフード。このドッグフードは、全て有機栽培された原料を使用している。

資料Ⅱ-4

ドラーケン地域熱供給施設のオペレーション・ルーム。

資料Ⅱ-5

木質バイオマス工場で販売している、パッケージしたウッドペレット。量り売りに比べて割高になる。

資料Ⅱ-6

木質バイオマス工場では、ウッドペレットストーブを販売している。ウッドペレットは環境税が課税されないため、化石燃料に比べて安価であり、環境に負荷を与えない燃料である。

Ⅲ　部

デンマーク

7章

エネルギー政策

デンマークの人々は住宅の断熱効果を高めることによって、厳寒の冬でも暖房用のエネルギー消費量を抑制しながら、快適な生活を過ごしている。人々が省エネルギーを推進する上で大切なことは、例えば、住宅に断熱効果の高い断熱材を導入することによって、省エネルギーを意識しなくても、省エネルギーにつながるエコライフを過ごす環境づくりである。エコロジカルな住宅を建築する際は、設計段階が重要である。

デンマークのエネルギー政策は、小規模分散型CHP（熱電併給）施設の設置や様々な省エネルギー技術の確立によって、エネルギー効率を高めて省エネルギーを徹底するとともに、必要なエネルギーについては、できる限り再生可能エネルギーの利用を図っている。

省エネルギーを前提とする低エネルギー社会は、持続可能な社会のキーワードである。

デンマークのエネルギー政策は、経済成長を遂げ、国民の生活レベルを向上させながら、エネルギー消費量と二酸化炭素の排出量を削減している[1)]。

1　エネルギー庁

デンマークのエネルギー庁は、道路行政や鉄道行政などを管轄する運輸エネルギー省に属し、運輸エネルギー大臣の下で公務に従事している[2)]。エネルギー庁は、エネルギー資源の確保、エネルギーの供給、エネルギー効率と経済性、そして、エネルギーに関する国際関係を管轄しており[2)]、オイル、ガス、石炭、バイオマスエネルギー、風力エネルギー、太陽エネルギー、廃棄物などのエネルギー資源を、一般住宅、建築物、交通機関、そして、産業界に供給している。すなわち、エネルギー庁は、エネルギー資源の確保からエネルギー資源を消費者へ供給するまでの全てをカバーしている[2)]。

2　エネルギー政策

エネルギー政策

デンマークが推進している脱化石燃料にシフトするエネルギー政策は、1973年の第一次オイルショクを契機として始まった。すなわち、デンマークは第一次オイルショックを契機として、エネルギー問題に対応する様々な政策を講じてきた。

1980年にエネルギー計画を作成し、中央政府、地方政府、地方自治体は、それぞれ実施可能な政策を推進している。例えば、天然ガスの使用が可能な地域の指定、地域熱供給システムが可能な地域の指定、風力発電施設を建設するのに適した地域の指定など、様々な行政指導を実施している。

北海油田による石油の産出量は年々増加しており、デンマークは1993年に石油の自給率100％を達成した[2)]。北海油田の開発と併行して、1980年代中頃からは、化石燃料の代替エネルギーとして、バイオマスエネルギー、風力エネルギー、太陽エネルギー、地熱エネルギー、波力エネルギー、燃料電池をはじめとする、環境にやさしいエネルギーの導入に積極的に取り組んできた。

その結果、ヴェスタス・エイジア・パシフィック社は世界一の風力発電機企業に成長し[3)~5)]、ウェーブスター・エナジー社は波力発電に取り組んで成果を上げ、IRDフュエルセルズ社は燃料電池の分野で国際的に活動しており、デンマークでは世界の注目を集めているエネルギー関連企業が育っている。

デンマークはエネルギー政策の目的を「3つのE」の言葉で表現している[2)]（図7-1）。

第一の目的はエネルギー資源の安定性である。エネルギー資源は供給面で

図7-1　エネルギー政策の目標[2]—3つのE—

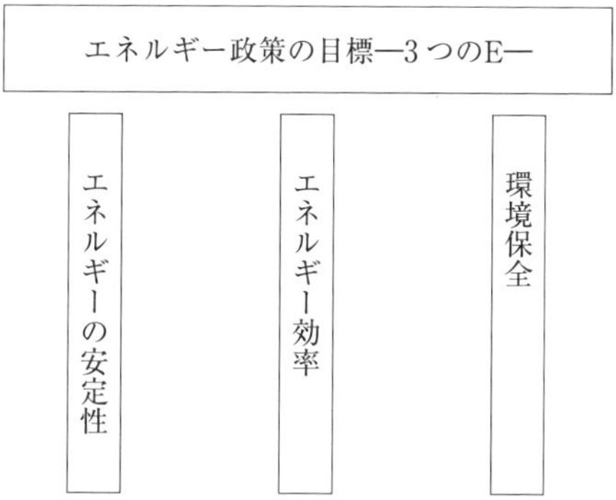

エネルギー政策の目標—3つのE—

エネルギーの安定性

エネルギー効率

環境保全

出所：Anders Hasselager (Senior Policy Advisor, DANISH ENERGY AUTHORITY), "Danish Energy Policy", Anders Hasselager (Senior Policy Advisor, DANISH ENERGY AUTHORITY), November 2005.

安定しなければならない。そして、安全で安心できるエネルギー資源を確保し、国民や産業界へ供給する。

第二の目的はエネルギー効率の改善である。省エネルギーの推進や再生可能エネルギーの利用、小規模分散型CHP施設の設置を推進する。

第三の目的は環境保全である。環境に負荷を与える化石燃料への依存度をできるだけ削減し、環境にやさしい再生可能エネルギーの利用を推進する。

電力に関するデンマークと北ヨーロッパの協力関係は、季節的な変動が認められる。春の季節になると、ノルウェーやスウェーデンは雪融けの時期を迎え水量が豊富になるため、デンマークは両国の水力発電による安価な電力を輸入する。秋にはデンマークで風力が強まるため、デンマークは風力発電施設で発電した電力をノルウェーやスウェーデン、その他の国々へ輸出する。

ユトランド半島中部地帯に位置し、環境技術を蓄積しているグリーンベルトには、国内で最も標高の高い173mのイディング・スコーブホイ山がある。このようにデンマークの国土は平坦なため、水力発電は若干あるものの、燃料別発電量の構成比は0％を示している。また、太陽エネルギーの利用は少なく、再生可能エネルギー供給率100％を目指しているエーロィ島を除くと

写真 7-1

再生可能エネルギー自給率 100 %を目指すエーロィ島にある、マースタル地域熱供給施設の太陽熱温水器。太陽熱温水器の総面積は 1 万 8365 m^2 である。野草は羊が食べるので、草刈りの手間がかからない。

写真 7-2

エーロィ島にあるエーロィスコービン地域熱供給施設の建物。屋根に太陽熱温水器を設置している。

ほぼ 0 %に近い[6]（写真 7-1・写真 7-2）。

省エネルギー

デンマークは公共機関で省エネルギーに取り組むとともに、国民や民間企業も省エネルギーを推進している。省エネルギーを推進する一環として、環境に負荷を与えるエネルギー資源には、環境税を課税している。

デンマークは経済成長を続けており、国民の生活レベルは年々向上してい

図 7-2　二酸化炭素排出量と経済成長[1)]

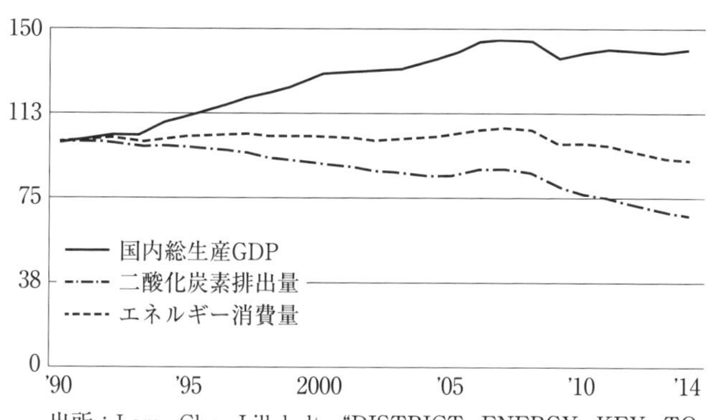

出所：Lars Chr. Lilleholt, "DISTRICT ENERGY KEY TO EFFICIENCY AND COMPETITIVENESS", DISTRICT ENERGY, p.3, February 2016.

る[1)]（図 7-2）。しかし、二酸化炭素の排出量とエネルギー消費量は、減少傾向が続いている。デンマークは経済成長を遂げ、国民の生活レベルが向上しているにもかかわらず、二酸化炭素の排出量とエネルギー消費量の削減を可能にしており、デンマークはこの成果を誇りにしている[1)]。

このように画期的な成果を挙げることが可能になった理由は、環境教育の充実に基づくグリーンコンシューマーの育成、省エネルギーの推進、環境税の導入、環境にやさしい再生可能エネルギーの導入、そして、小規模分散型 CHP 施設の設置が大きな要因になっている。

一般住宅における暖房を必要とする全床面積は、年々増加傾向を続けている。その主な理由は、国民生活が豊かになったことを反映して、家具調度品の大型化や、新しい家電製品を置くスペースを確保するなど、一般住宅の平均サイズが拡大しているためである。他方、エネルギー消費量は一般住宅や建築物への断熱材の導入と断熱効果の充実、省エネルギータイプの家電製品の開発により減少している。

大型建築物のエネルギーラベル　デンマークは 1997 年から、大型建築物のエネルギー効率に関する評価制度を実施している。大型建築物は、エネルギー計画の作成とエネルギーマネジメントを明確にすることが求められており、毎年１回の見直しを義務付けている。

大型建築物のエネルギー計画やエネルギーマネジメントは、有資格者のエネルギーコンサルタントがおこなう。エネルギーコンサルタントの資格は、最近の５年間でエネルギーに関係する分野で４年以上の経験を積んでいる技術者や建築関係者に与えている。

個々の大型建築物に対して作成するエネルギーラベルには、電力と水と暖房の消費量を記載し、それぞれの省エネルギーや省資源の評価に応じたクラス分けをおこなう。クラスは最上位クラスのＡから、最下位クラスのＭまで分かれている。

エネルギーラベルの裏面には、過去３年間の電力と水と暖房の消費量を記載し、節電や節水の効果が認められる場合は、その内容を記載する。

エネルギーコンサルタントは、例えば、屋根に断熱材を導入することや、太陽エネルギーを取り入れるために新しい窓に取り替えるなど、改善した方が好ましいと考える内容を提案する。同様に、その提案を実行に移した時、どの程度の省エネルギーと経費節減ができるのか、投資すべき金額、そして、取り替えた設備の耐用年数などについて記載する。

最近は太陽エネルギーを取り入れるために、ガラス面を広くした建築物が増えている。そのような建築物では、ガラス面から逃げていく熱の問題や、建物内部の空調に関する問題が存在する。

3　CHP（熱電併給）施設

デンマークの電力供給は、過去30年間で大きな変化を遂げた。1980年代中頃の電力供給は、少数の大規模集中型CHP（熱電併給）施設を設置し、石炭や天然ガスを燃料として発電した電力を供給していた[7)]。現在はエネルギー政策に基づいて、小規模分散型CHP施設を数多く設置し発電している[7)]（図7-3）。

CHP施設は電力と熱の両エネルギーを供給する。CHP施設のエネルギー効率は40％から90％以上の高い数値を示している。CHP施設の中で最も

図 7-3　大規模集中型 CHP 施設から小規模分散型 CHF 施設へのシフト[2)]

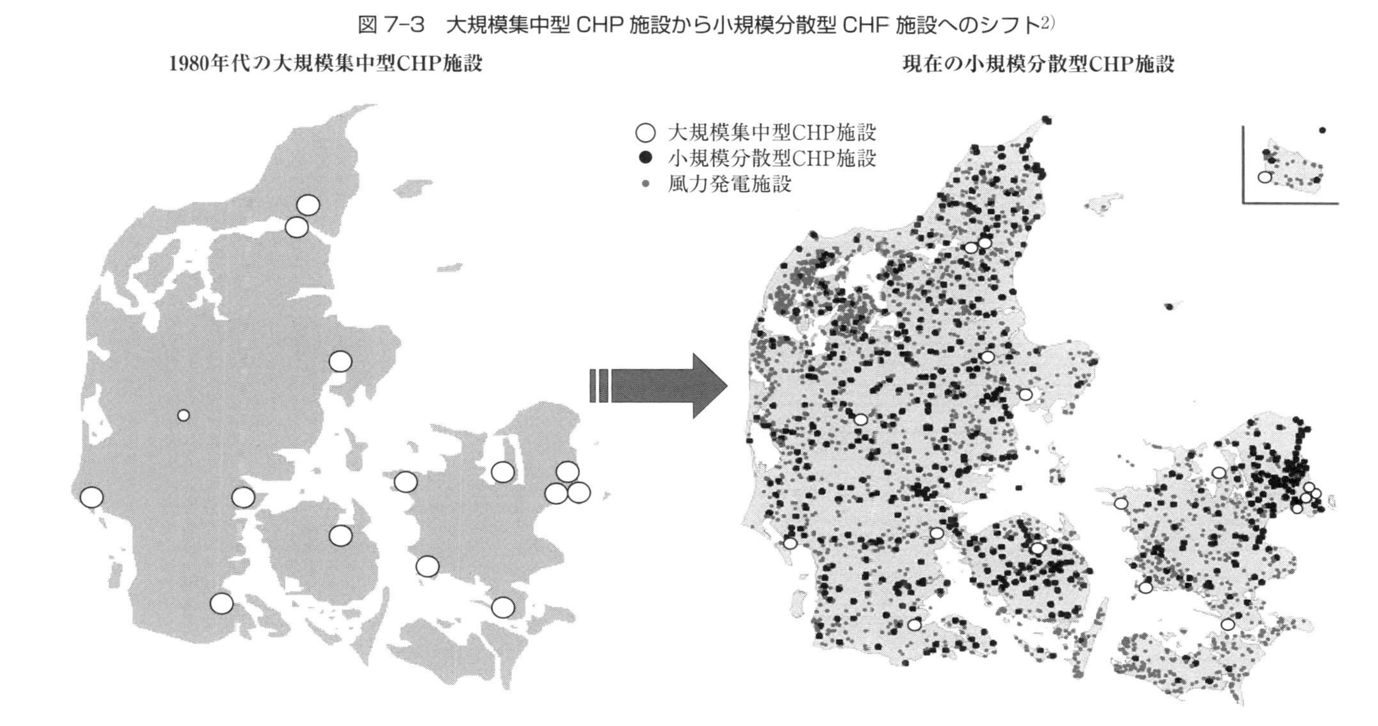

出所：Anders Hasselager (Senior Policy Advisor, DANISH ENERGY AUTHORITY), "Danish Energy Policy", Anders Hasselager (Senior Policy Advisor, DANISH ENERGY AUTHORITY), November 2005.

高いエネルギー効率は94％を示しており、デンマークは世界一のエネルギー効率を誇りにしている。小規模分散型CHP施設は、大規模集中型CHP施設に比べて高いエネルギー効率を示しており、燃料消費を30％削減している。

小規模分散型CHP施設の多くは、地域住民の共同所有形態で維持しており、地域熱供給システムの温水と電力の価格は、地域住民の生活に直接関係している。これは地域で消費するエネルギーを、地域の人たちが生産するローカル・オーナーシップの取り組みである。

CHP施設は、使用する燃料によって分散の可否条件が異なる。例えば、ウッドペレットやウッドチップは、かなりの距離を輸送することが可能であり、これらの燃料を使用するCHP施設は分散が容易になる。他方、麦わらや家畜の排せつ物は、100 km以上の距離を越えて輸送することは、経済的にほぼ不可能である。したがって、麦わらや家畜の排せつ物を燃料とするCHP施設は、設置できる地域が限られる。

燃料に麦わらと木材を50％ずつ使用して、地域熱供給だけを実施している施設が120ヶ所ある。これは各地方自治体で1ヶ所の小規模分散型CHP施設が稼動している計算になる。燃料に麦わらやウッドチップを使用する小規模分散型CHP施設は10ヶ所あり、電力供給と地域熱供給をおこなっている。廃棄物焼却場の設置数は30ヶ所である。そのうちの18ヶ所はCHP施設であり、残りの12ヶ所は地域熱供給だけの施設である。大規模集中型CHP施設は6ヶ所あるが、燃料は石炭の他にバイオマスエネルギーを10％から15％使用している。豚の排せつ物から発生するバイオガスを主燃料とするCHP施設は30ヶ所で稼動している。民間企業がバイオマスエネルギーや廃棄物を燃料にして稼動しているCHP施設は200ヶ所ある。

4　再生可能エネルギー

バイオマスエネルギー

デンマークにおける再生可能エネルギーは、主にバイオマスエネルギーと風力エネルギーである。

デンマークは、有機性廃棄物をエネルギー資源として扱っている。家庭から排出する有機性廃棄物の大部分は、バイオマスエネルギーやコンポストに利用している。

バイオマスエネルギーには、いくつかの種類がある。最も一般的なバイオマスエネルギーは木材を原料とするウッドペレットやウッドチップである。デンマークはウッドペレットやウッドチップの 40 % を国内で生産し、60 % はノルウェー、スウェーデン、東欧から輸入している。ウッドペレットやウッドチップの原料は、製材屑や廃材を使用している。デンマークはウッドペレットやウッドチップの輸入量が増えるにしたがって、消費者から品質管理を求められている。

デンマークは農業国であり、大量の麦わらが確保できる。エーロィ島のエーロィスコービン地域熱供給施設は、3.1 MW の麦わらボイラー、1.1 MW のウッドペレットボイラー、そして、4898 m^2 の太陽熱温水器を備えている[6)8)]（写真 7–3・写真 7–4）。

家畜の排せつ物も貴重なバイオマスエネルギーである。デンマークの人口は 539 万人であるが、豚の飼育頭数は 2000 万頭である。家畜の排せつ物を利用してバイオガスを発生・回収し、CHP 施設の燃料として利用している[9)]

写真 7–3

エーロィ島にあるエーロィスコービン地域熱供給施設の建物には、燃料に使用する麦わらが積んである。

写真 7-4

エーロィ島にあるエーロィスコービン地域熱供給施設の建物に蓄えてあるウッドチップと、マースタル地域熱供給施設の部長を務めるレオ・ホルム氏。

写真 7-5

家畜の排せつ物を発酵させたバイオガス（メタンガス）を燃料として利用する小規模分散型 CHP 施設。タンク（左側）にバイオガスの文字が見える。

(写真 7-5)。

デンマークは上水用水源の 99 %を地下水に依存している[10]。安全で美味しい地下水を確保するには、家畜の排せつ物を農地へ施肥して、土壌汚染のリスクを高めるよりも、バイオマスエネルギーとして利用する方が好ましい。

デンマークにおける一般家庭の暖房システムは地域熱供給システムが多く、

普及率は60％である。地域熱供給システムのエネルギー資源は、有機性廃棄物を含むバイオマスエネルギーが3分の1を占めている。

各バイオマスエネルギーの利用状況を比較すると[7]、木材や有機性廃棄物の大部分は、すでにバイオマスエネルギーとして使用している。麦わらは3分の1だけを使用している。デンマークは麦わらとバイオガス供給用原料を、今後のバイオマスエネルギーとして注目している。

デンマークは、有機性廃棄物を焼却しないでガス化する事業にも取り組んでいる。有機性廃棄物はガス化することによって、CHP施設で燃料に利用することができる。また、液化したバイオ燃料は、運輸関係の燃料に使用することができ、新しいエネルギーとして高い需要が見込まれている。

デンマークのエネルギー長期計画は、水素燃料電池の利用を考慮して、バイオマスエネルギーから水素を得る事業も推進している。

風力発電

デンマークは風力発電施設のリカバリープランを実施している。リカバリープランは、1基の発電出力が0.5 MW以下の古い小型風力発電施設を撤去し、そこに大型風力発電施設を設置する計画である。

陸上で風力エネルギーを利用するのに最適な場所は、すでに風力発電施設を建設しているか、あるいは、自然保護地域のように風力発電施設の建設を禁止している地域しか残っていない。そのため、過去15年間の風力発電施設の建設傾向は、陸上風力発電施設に比べて、多額の建設費用を要する洋上風力発電施設に移っている。

従来の風力発電施設1基の出力は、0.5 MWから2.5 MWであるが、風力発電機業界は出力の大型化を目指して開発を進めている。デンマークは1基の出力が5 MWの風力発電施設に取り組んでいる。これはタワーの高さが120 m、ブレードの直径が80 mになる。

新しい風力発電施設は、一基当たりの出力が大型化しているが、ヴェスタス・エイジア・パシフィック社の最大サイズタービンV90用ブレードの生産工場ハムを訪れた際、担当者はブレードの大型化にともない、トレーラーに載せたブレードを風力発電施設の建設地へ搬送することが、道路環境から困難になっている状況を認めている。長いブレードをロシア製の大型ヘリコプターで搬送する場合もあるが、それも限界に近付いている。

デンマークで風力発電施設を建設する時に申請書類を提出する窓口は、エネルギー庁だけである。申請者にとっては、申請書類の提出窓口が1ヶ所であるメリットは計り知れない。エネルギー庁は申請書類に基づいて建設予定地の妥当性、高圧送電線までの距離などを全て分析して判断する。

風力発電の出力は、風力に依存して増減する。出力が低下した場合は、電力網につながっているCHP施設や従来の大型発電所が、直ちに対応するバックアップシステムを構成している。デンマークの配電網は国内だけでなく、北ヨーロッパで構成するノースプールシステムにより、ノルウェー、スウェーデン、ドイツにつながっている。

発電コスト　単位電力を発電するコストは、発電用に使用するエネルギーの種類に基づいて決まる。

バイオマスエネルギーで発電すると、大気中に占める二酸化炭素の増減はゼロと考えられる。これはバイオマスエネルギーを導入する動機付けの一つになっている。

バイオガスは、単位電力の発電コストが最も高額なため、その発電コストを大幅に下げることは難しい。しかし、発電コストの安価な化石燃料に環境税を課税することで発電コストを高額にし、バイオガスの発電コストに近付ける間接的な解決策を導入している。バイオガスで発電した電力は、最初の10年間に1 kW当たり0.6 DKKの補助金を受け、次の10年間は1 kW当たり0.4 DKKの補助金を受けることができる。デンマークは豚や牛の排せつ物から得たバイオガスから電力を発電すると、20年間にわたって補助金を受け取ることができる経済的動機付けを与えている。この補助金は、電力の市場価格が変動しても受け取ることができる。

風力発電による発電コストは高額であるため、電力市場で価格競争が可能になる発電コストに下がるには時間を要する。風力発電に関しては、今後も様々な支援をおこなっていく必要がある。

5 環 境 税

エネルギー資源にエネルギー税、二酸化炭素税、イオウ税を含む環境税を課税することは、消費者に様々な経済的影響を与えるが、環境税は環境保全の達成を目的として、環境に負荷を与える商品の価格を高額にし、その消費量を抑制するために価格調整をおこなうものである。

エネルギー資源は種類に応じて価格差が生じている。デンマークは環境にやさしいバイオマスエネルギーを普及させるために、環境税を通じて環境に負荷を与える化石燃料の価格調整を可能にする政策を導入している。

化石燃料である暖房用オイル、燃料油、天然ガス、石炭は、国際市場で安価に入手できる。しかし、化石燃料そのものの価格に対して、エネルギー税、二酸化炭素課税、イオウ税、付加価値税を課税すると、1kW 当たりのエネルギー価格は高額になる[7]（図 7-4）。他方、バイオマスエネルギーである麦わら、ウッドチップ、ウッドペレットは、燃料そのものの価格は高額であるが、エネルギー税、二酸化炭素税、イオウ税である環境税の課税はなく、付加価値税だけを課税している。地域熱供給システムの燃料コストは、課税後の化石燃料の価格とバイオマスエネルギーの価格を比較すると、バイオマスエネルギーの価格は化石燃料の価格よりも安価になっている。

図 7-4　エネルギー資源と課税[7]

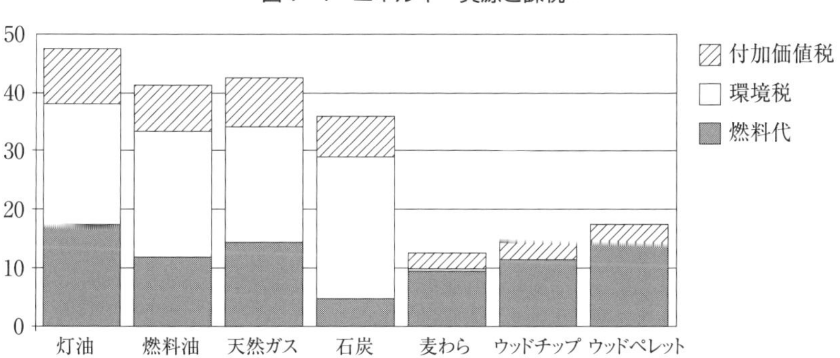

出所：Jan Bünger, "Bioenergy in Denmark–Context and Short overview", Jan Bünger, November 2005.

●参考文献

1）Lars Chr. Lilleholt, "DISTRICT ENERGY KEY TO EFFICIENCY AND COMPETITIVENESS", DISTRICT ENERGY, p.3, February 2016.
2）Anders Hasselager (Senior Policy Advisor, DANISH ENERGY AUTHORITY), "Danish Energy Policy", Anders Hasselager (Senior Policy Advisor, DANISH ENERGY AUTHORITY), November 2005.
3）Vestas Wind Systems A/S, "The Vestas Profile", Vestas Wind Systems A/S, 2005.
4）Vestas Wind Systems A/S, "Vestas Facts and Figures", Vestas Wind Systems, June 2005.
5）Vestas Wind Systems A/S, "Vestas Global", Vastas Wind Systems A/S, 2005.
6）Renewable Energy Organisation Aero, "Aero-A Renewable Island", Renewable Energy Organisation Aero.
7）Jan Bünger, "Bioenergy in Denmark-Context and Short overview", Jan Bünger, November 2005.
8）Danish Energy Authority, "Renewable Energy Danish Solutions. Background・Technology・Projects", Danish Energy Authority, p.13, September 2003.
9）Xergi A/S, "Modular Biogas Concept", Xergi A/S.
10）OECD, "ENVIRONMENTAL PERFORMANCE REVIEWS DENMARK", OECD, p.50, March 1999.

8章

ミドルグロン洋上風力発電施設

草の根運動の民間組織としてスタートしたコペンハーゲン・エネルギー環境事務所は、ミドルグロン洋上風力発電施設の建設[1)~3)]に携わった他、市民に対しては省エネルギーの啓発活動や、エコロジーを正しく理解するための情報を提供しており、コペンハーゲンがヨーロッパの環境首都と呼ばれる要因に、大きな影響を与えている。デンマークには、コペンハーゲン・エネルギー環境事務所と同じ役割を果たしている姉妹的な事務所が20ヶ所あり、その活動を通じて環境の世紀は市民の世紀と称されるモデルになっている。

コペンハーゲン港の3 km 沖合にあるミドルグロン洋上風力発電施設は、デンマーク政府の長期エネルギープラン「エネルギー21」の一環として建設された。デンマークの風力発電の特徴は民間所有が80 %を占めており、その半数以上は風力協同組合が所有し、残りを個人が所有している。

大規模な洋上風力発電施設が建設されることによって、コペンハーゲンの景観に大きな影響を与えることが懸念されたため、市民に様々な情報を公開した後に合意へのプロセスをおこなった。このような対話と合意形成は、予防原則に基づく環境保全対策を講じる上から、重要なキーワードになっている。

1　風車の歴史

コペンハーゲン・エネルギー環境事務所（写真8-1）が建設の責任を担った洋上風力発電施設が、ミドルグロン海域にある。草の根運動的な民間組織が、

写真 8-1

コペンハーゲン・エネルギー環境事務所。事務所の前にコンポスターが置いてある。

1 基の出力が 2 MW の風車を 20 基建てている。これだけ大規模な洋上風力発電プロジェクトを推進したことは、信じられないかも知れないが、デンマークの風力発電、すなわち、風車に関する歴史を理解すると納得できる。

1880 年代のデンマークは、6000 基の風車が稼動しており、風車はどこでも見ることができる風景の一部になっていた。当時の風車は、粉挽き用の動力源、あるいは、水を送り出すポンプの役割を果たしていた。

デンマークで電化が進むとともに、すでに稼動している風車を利用して発電しようとする動きが出てきた。それは収益性があると見込んだためである。特に地方では風力発電が導入されたため、大型の電動モーターが開発されるにしたがって、それまで活躍していた小規模な風力発電用風車は姿を消していった。

第二次世界大戦中に石炭や石油などの天然資源が不足したため、風力発電が再び注目されるようになった。当時のデンマークは日本と同じく、地下資源を持たない国であるため、エネルギーに利用できるものがあれば、何でも利用したいと考えた。現在は北海油田が開発されているため、デンマークは石油資源の豊かな国の一つである。

2 風力発電

動力源として小規模な風車を開発した人たちは、風車の専門家ではなく、教師やパン職人たちである。地域に居住する素人たちが風車を開発したと噂を聞いた知人や近所の人たちが、風車を建設して欲しいと希望するようになり、風車は少しずつ普及していった。このようにしてデンマークは、風車を建設する人たちと利用する人たちが、好ましい関係を築いてきた。

1973年に発生した第一次オイルショックを契機として、風力発電用風車が再び注目されるようになった。当時、デンマークの企業は、原子力発電に興味を示していた。しかし、大多数のデンマーク国民は、原子力発電に対してノーという意識を抱いていた。国民の大多数が原子力発電に反対したため、それに代わるエネルギー源として風力発電、ソーラー発電、バイオガスなどの再生可能なクリーンエネルギーを中心とする開発の必要性が高まった。

デンマークと他の国々では、風力発電を開発する過程において、重要であると考える要因が異なっていた。デンマークはメンテナンスに手間のかからない風車、そして、できるだけ耐用年数の長い風車を重要な要因と考えていた。他の国々はメンテナンスに費用がかかるため、公益性を高めることに注目していた。デンマークの風車に対する基本的な考え方が正しいことは、世界中で稼動している風力発電施設の多くを、デンマーク製の風車が占めている事実が証明している。

デンマークにおける風力発電の需要は、非常に高かった。当初は個人が所有する風車が数多く建設された。その後は民間でも、協同組合的な所有形態が利用されてきた。最近の特徴は、電力会社が風力発電に力を入れるようになったことである。

デンマークでは、その地域に住んでいる個人が投資をして、自分たちの地域に風車を建設してきたため、自分の街、自分の地域に風車が建設されることを、地域の人たちは理解し、受け入れている。デンマークは他の国々と比較すると、風車の建設に反対する住民が非常に少ない。自動車で国内を走行すると、風車を見ないで走行することができないほど、風車は国内の至るところに建設されている。

風力エネルギーを最大限に利用するには、どの地域が適しているのか、その設定条件が重要になる。第一は、どれくらいの風速で風が吹くかである。第二は、障害物がどれだけあるかである。この両方に配慮して、市街地が近くにあったり、森があったり、あるいは、いくつかの丘や坂が続いている地域は、その地形が風の障害になるため、風力発電施設の建設には適さないと考えられている。

今までのように、地域に住んでいる住民が個人投資をする協同組合方式は、ほぼ実現不可能になっている。その理由は、洋上風力発電施設は建設コストが高額になる大規模プロジェクトであるためである。そのため、自治体、電力会社、各種の団体が洋上風力発電施設の建設を推進していく必要がある。

ミドルグロン洋上風力発電施設

ミドルグロン洋上風力発電施設（写真 8-2）には、20 基の洋上風車が建っている。1 基の出力は 2 MW であり、全体で 40 MW の風力発電施設である。一つの民間組織が、これだけ大規模なプロジェクトを全て独力で遂行することは不可能である。プロジェクトは、コペンハーゲンで電気を供給しているコペンハーゲン・エネルギー会社と協力して推進した。20 基の洋上風車のうち 10 基は、コペンハーゲン・エネルギー会社が所有している。

写真 8-2

洋上には 1 基の出力が 2 MW の風車を 20 基配置した、ミドルグロン洋上風力発電施設が稼働している。

プロジェクトでは、必要な情報を全て公開している。インターネットでは、1基から20基までの個々の風車が発電している電力と、合計した電力を公開している。

ミドルグロン洋上風力発電施設が供給できる電力は、コペンハーゲンで必要な電力の約3％、世帯数に換算すると3万世帯の電力に相当する。デンマークは国内で消費する電力の50％を風力発電で賄う目標を設定しており、今後は大規模な洋上風力発電施設の建設が推進される。

① **建設海域の選定**　洋上風力発電施設の建設をミドルグロン海域に選定した理由は、この海域だけ特に水深が浅いためである。水深は3mから6mである。海の中に部分的に浅い海域ができている原因は、数百年にわたってコペンハーゲンで発生したごみを、この海域に埋め立てた結果である。

重金属を含む有害な産業廃棄物も、海底に沈められた可能性があるため、ミドルグロン洋上風力発電施設の建設工事に当たっては、有害な廃棄物を含んでいる海域が、どこに集中しているか調査した。洋上風力発電施設は、海底をかなり掘り起こして、基礎部分を設置しなければならない。この基礎部分は直径が約18mの大きなプレートである。海底を掘り起こすことで、どのような影響が出るか調査した。

② **風車の配列**　20基の風車をどのように配列し、建設したら良いかについて、複数のモデルを公開した。その中から最終的に選ばれた配列が現在の形である。風車の配列はコペンハーゲン港に向かって、軽く弓なりのようなカーブを描いている。

しかし、最初は一直線の配列が選ばれた。選ばれた理由の一つは、苦情と抗議が少なかったためである。風車を一直線に配列する場合、理想的な風車の間隔は、ブレードの約5倍が適当と言われており、計算すると200mから300mの間隔が必要になる。

この地域で吹く風の方向は、南と北から吹いている。一直線上に風車を配列する場合、最初の1基あるいは2基の風車は、後続する風車の障害物になる。最初の1基あるいは2基のブレードが回転することによって、風の流れは不安定になり、後続する風車のエネルギー効率を下げる。

最終的には一直線でなく、少しずつ角度をずらして緩やかなカーブを描くことによって、全ての風車が効率良く風力を電気エネルギーに変換できるようにした。

他にも風車の配列を決定した理由がある。コペンハーゲンの街は創設された当時、堀と城壁で囲まれた街であった。古い街並みは、全体が円形になっていて、その外側に開発した新しい街も、このカーブに沿う形で開発された。街全体を大きく描くと、円形で囲まれた街づくりになっている。

円形をしたカーブの延長線上に風車を建設することは、違和感が生じないという理由である。このアイデアは、多方面から称賛された。南北いずれの方向から見ても、弓なりに並んでいるカーブが、ダイナミックであることが分かる。

環境アセスメントを含む各種の事前調査をおこなった。その調査内容の一例は、この海域にこれだけの施設が建設された場合、人々が実際に目で見て感じる風景や圧迫感に対して、どのような影響を与えるかである。

風力発電の環境問題

①　騒音　　今でも風車はうるさいと信じている人たちがいるが、新しい風車については正しくない。風車から発生する騒音は、風車に付いているギヤから発生する機械的な騒音と、ブレードが回転する時に風に当たって生じる騒音の２種類の原因があった。

近代的な技術を用いて製造されたギヤは、ほとんど騒音を発生しない。ブレードから発生する騒音は、回転が速くなるにしたがって、風との摩擦が大きくなるため、騒音も大きくなる。小型の風車は回転が速くなるが、大型の風車は小型の風車に比べて回転が緩やかである。したがって、騒音はそれほど大きくならない。

風車から発生する騒音に対して、うるさいと思う騒音は聞こえない。風車の騒音は風が強くなると少し大きくなるが、風車の騒音は風そのものの音にかき消されるため、大きく聞こえることはない。

ミドルグロンの風車は、１分間の回転数が11回である。騒音が陸上の地域に、どれくらい影響を与えるかを調査した。陸上の地域はコペンハーゲンの街になっているため、風車の騒音は街で発生する騒音にかき消される形になって、影響を与えないことが分かった。

デンマークは陸上に風車を建てる設置条件として、風車に最も近い住宅までの距離を、風車全高の4倍以上に保つように定めている。同様に、風車の騒音に対しては、配慮の必要な地域と必要でない地域を指定し、それぞれ風速毎に騒音基準を定めている。

②　太陽光と影　　風車によって、太陽光が遮断されると影が発生する。風車の影は、太陽の動きに合わせて移動する。実際には、タワーの影よりも、ブレードが回転している時に、ブレードの影が途切れ途切れに生じる方が深刻である。出力2MWの風車のブレードは1分間に11回転するが、ブレードが3枚あるため、途切れ途切れに生じる影は、1分間に33回生じる。住宅の窓から太陽光と影が、1分間に33回入ってくると、人々にどれだけの影響を与えるかは理解できる。

現在、風車のブレードは、太陽光が当たってもほとんど反射しない素材と塗料を使用している。

③　船舶の航行　　コンクリートを固めた基礎部分は海底に沈めて、その上にタワーを載せる。基礎部分は重力を利用して安定させる構造で、コンクリートの塊1個の重量は、約1800トンである。20基の洋上風力発電施設を建設するミドルグロン海域の近くには、使われていないB&W社のドライドッグがあった。このドライドッグを利用して、コンクリートの基礎部分を造った。

20基の大きな基礎部分を海底に沈めて洋上風力発電施設を建設すると、海流を妨げる影響を生じる。海中にあるものは、常に船舶と衝突する可能性があることも考慮すべき要因となる。しかし、ミドルグロン洋上風力発電施設の海域は、水深が3mから6mしかない浅い海域のため、船舶が基礎部分に近づくと座礁する危険がある。

④　生態系　　海底を掘り起こす大規模な工事は、海底に生息する生物に重要な影響を与える。漁業に与える影響を含めた対応として、工事が始まる1年前、そして、工事が終了した3ヶ月後と1年後の海底の様子を、ビデオ

に撮影することが義務付けられた。

注意深く工事を推進したが、掘り起こした周辺に生息する海底生物は、一度死に絶えている。工事終了直後は、全ての生物が死に絶えたが、基礎部分が定着してから2ヶ月〜3ヶ月後に撮影したビデオには、新しい生命が映っていた。

鳥が風車を警戒して、逃げ出すことを危惧する人たちもいたが、そのような様子は全くなく、鳥は以前と同様に集まってきている。

漁業補償

ミドルグロン洋上風力発電施設のある海域で、漁業に従事していた漁師は5世帯あった。5世帯に対しては、大きな影響を与えるため、補償金を支払う必要がある。事前調査において、実際に漁業をしていた漁師は5世帯であったが、補償金を支払う手続きに入ると、5世帯から15世帯に増えた。この15世帯全てに、補償金を支払っている。10世帯については、漁業をしていないことの証明は可能である。しかし、煩雑な手続きに時間がかかるため証明することを諦めて、15世帯全てに補償金を支払った。

風速と風力発電

風力発電は3m／秒の風が吹くとブレードの回転が始まる。風力発電にとって最も効率の良い風速は、12m／秒〜15m／秒である。ブレードは25m／秒の風速になると、破損する危険があるため自動的に回転を停止する。

デンマークでは大規模な暴風雨が接近してきた時、ブレードは勢い良く回り続けて発電したが、風速が25m／秒に達すると、2基〜3基の風車を除いて回転が停止した。ブレードが回転し続けた2基〜3基の風車は、非常に古いタイプの風車で、ブレーキ機能が作用しなかったため回転を続けたが、ブレードは破損しなかった。

建設コスト

洋上風力発電施設を建設する場合は、基礎部分に多額の費用がかかる。ミドルグロンの基礎部分に要する費用は、総費用の15％を占める。水深の深い海域に建設する場合は、基礎部分に総費用の30％を要するところもある。

陸上風車に比べると洋上風車の建設コストは、はるかに高額な費用がかかる。陸上風車の場合は機材をトラックで運び、数日で設置することができる。洋上風車の場合は、基礎部分を大型クレーン船で運ぶ必要がある。大型クレーン船で運んで行く時は風速が弱く、波が静かな気象条件が必要になる。作業は風速 10 m／秒以下でないとできない。基礎部分を沈めた後に、タワーとブレードを取り付ける。

一連の工事が終了すると、風車間の海底にケーブルを接続し、さらに、電力を陸上へ送電するケーブルを埋設する。それぞれの風車と陸上を結ぶケーブルを1本ずつ埋設すると多額の費用がかかるため、中央にある風車に大きな送電ケーブルを1本だけ接続した。このシステムには不具合がある。その理由は、発電した電力を陸上へ送電する送電ケーブルのある中央の風車へ、両側から順番に電気を送電していくが、風車間の送電ケーブルのいずれかが故障すると、そこまでの風車が発電した電気は、10 基目の風車に送電されなくなる。費用がかかっても風力発電施設と陸上を結ぶ送電ケーブルは、両側の1基目と 20 基目の2ヶ所に設置すべきであった。

陸上風車の場合は土地に余裕があるため小屋を建て、その中に必要な機材を入れることが可能である。しかし、洋上風車の場合は、全てタワーの中に収めなければならない。風車をコントロールするには、その都度、船で行かなければならないため、ほとんどコントロールしなくても稼動する設備でなければならない。

3 風　車　株

ミドルグロン洋上風力発電施設は、エネルギー効率の高い施設である。協同組合方式を採用した会員制で、会員総数は 8500 人を超える。会員には風車株を発行しており、風車株は4万株を越えている。協同組合方式の特徴は、風車株をたくさん所有していても、議決権は1票しかないことである。

風車の所有者に対しては、年に1回、1基の風車を選んで中に入り、技術的な説明や発電性能の説明をおこない、情報を公開している。協同組合は機関誌を発行して、技術的な内容や風車に興味のある人たちに知らせたい情報を公開している。

配　当　金　風車株への配当金は、最初の6年間が10％であったが、2009年以降は経済不況に起因して6％の配当になっている。当初、10％の配当が可能な理由の一つは、デンマークの税金制度が関係している。

2011年におけるデンマークの一般家庭が支払う電気料金は、1kW当たり2.15 DKKである。2.15 DKKのうち、電気料金自体は0.74 DKKであり、加入料が0.18 DKK、税金が1.23 DKKを占めている。税金の一部は、風力発電で得た電力の買取価格を保障するために使われている。

環境に負荷を与えない方法で発電した電力は、グリーン証明書を発行し、発電した電力の価値を保証している。グリーン証明書によって、売電価格が保障されるため、6％の配当が可能になる。

4　情報公開

デンマークでは、どのような理由で風車が必要なのか、どのような場所に風車を建設したら良いのか、という議論が活発におこなわれている。風車を所有する協同組合は、インターネットにホームページを開設して、消費者に技術的な内容を含む必要な情報を全て公開している。

一つの例として、風車を建設している会社が、特殊な風車を建設したことがある。その際、風車に設置しているギヤボックスに技術的な問題が発生した。風車を所有する組合は、ギヤボックスに関する情報を集め、発生した障害について情報を全て公開した。それによって、風車を建設している他の企業と協力しながら、問題点を改善するための技術開発が進められた。これは企業が自社のことだけを考えて会社を経営するのではなく、風車の機能を改善していくことが大切だと考えた結果である。

デンマークでは、風車を建設する会社と、投資をした所有者との間の関係が非常に上手くいっている。企業はこのような協力体制に基づいて企業経営を続けていかないと、市場から完全に取り残されてしまうことを理解している。

デンマークには、風車を輸出している会社が多くある。各社はホームページを作成し、自社で生産している個々の風車のタイプについて、詳しい情報を公開している。風車を稼動していく上で必要な詳しいデータも、公開している。詳しいデータは、会社が独自に発表しているデータではなく、リソー国立研究所が実験で得た情報である。

デンマークでは、風力発電関係者と気象庁関係者の協力体制が整っており、風力エネルギーを最大限に利用するために必要な情報を提供している。協力体制が整っている背景には、必要な情報を全て公開する努力を絶えず続けてきた経緯がある。国民は情報公開がおこなわれることによって、自分の住んでいる地域は風車を建設する場合、どのような地域なのかを容易に知ることができる。

●参考文献

1）Kobenhavns Miljø-og Energi Kontor, “Vindmøllepark på Middelgrunden Ⅱ”, Kobenhavns Miljø-og Energi Kontor, April 1998.
2）Kobenhavns Miljø-og Energi Kontor, “Middelgrunden”, Kobenhavns Miljø-og Energi Kontor.
3）Kobenhavns Miljø-og Energi Kontor, “Middelgrundens Vindmøllelaug”, Kobenhavns Miljø-og Energi Konto.

9章

カールスバーグの環境保全

1　カールスバーグの歴史

カールスバーグは、1847年にヤコブ・クリスチャン・ヤコブセンが設立した企業から出発している。カールスバーグ企業グループの社員総数は約3万人である。

創立者が設立したカールスバーグ基金は、創立者が亡くなった1887年に、全ての事業を相続した。創立者の遺言書には、カールスバーグを誰が所有し、事業をどのような組織で推進していくかという、会社の経営方針が明記されており、現在も遺言書に基づいた経営を続けている。

カールスバーグは1906年にニューカールスバーグと合併し、1970年にツボルグと合併した。カールスバーグは、経営組織が株式会社に変わった後も、創立者が残した遺言書に基づいて、カールスバーグ基金が所有者の機能を果たすために、株式の51％を所有していたが、現在は株式の55％を所有している。

創立者の遺言書には、カールスバーグ基金は企業活動だけでなく、科学技術の進歩や芸術の発展にも寄与しなければならないと明記されている。その一環として、コペンハーゲン・ビール工場の建物は、機能性を持つだけでは不十分という哲学から、デザイン的にも配慮をしている。例えば、ロータスの花をイメージして造られた「ロータスの煙突」と名付けられた赤レンガの煙突がある。「ロータスの煙突」の高さは33mであり、現在の厳しい環境基準を達成できないため、高さ125 mの新しい煙突が建設された。しかし、「ロータスの煙突」は、壊されることなく熱供給システムに利用されている。

このようにして、カールスバーグはコペンハーゲンの中心部の近くに位置するビール工場が抱える様々な環境問題を、一つずつ解決してきた[1)]。

2　ビール醸造

コペンハーゲン・ビール工場は一日当たり200万本のビールを生産している。生産ラインに携わる社員は8時間就労の3交代制で勤務し、工場は週に5日間稼動している。金曜日の午後10時に週末を迎える。コペンハーゲン・ビール工場は、一日当たり500万本の生産規模を持っている。それにもかかわらず、生産量を200万本に抑えている理由の一つは、カールスバーグが世界的な大企業として成長するために、多くの国々のビール会社とライセンス契約を結び、ビールの醸造委託をしているからである。

1970年代の売り上げを、国内市場と海外市場に分けると、国内市場が70％、海外市場が30％である。2001年には国内市場が6％、海外市場が94％となり、完全に逆転している。

デンマーク国民一人当たりの年間ビール消費量は16 Lである。これは世界第5位の消費量である。しかしながら、デンマークは人口の少ない小さな国であるため、ビールの総消費量では、ほとんど統計上に表れない小さな存在である。

マーケット

現在のビール業界は、世界的に大規模なビール会社が、自社の基礎を強固にするために、ビール戦争を展開している状況にある。カールスバーグは世界の全ての国々で企業活動を展開したいと考えたことはない。企業活動を展開したいと考えている地域は、スカンジナビア地域、西ヨーロッパ地域、東ヨーロッパ地域、そして、アジア地域である。

ビールの醸造販売に関しては、将来的に大きく伸びていく可能性のある地域として、アジア地域と東ヨーロッパ地域を考えている。ビールの売り上げが伸びていくと期待しているアジア地域の中で、日本は別格として扱っている。日本は西ヨーロッパ地域と同様に、経済大国に成長しているため、ビールの売り上げは、今以上に急激な伸びを期待することはできない、あるいは、減少するかも知れないと判断している。アジア地域の中で、将来的にビールの売り上げが大幅に伸びると期待をしている国々は、タイ、ベトナム、そして、中国である。

ライセンス契約

ライセンス契約を結んで、ビールの醸造販売をする場合は、技術的な内容、マーケッティング、そして、ビジネスの３つの分野で契約を締結している。技術的な内容に関しては、ビールの醸造に使用する酵母は、必ずカールスバーグの本社から提供したものを使用することである。ライセンス契約の初期の段階では、カールスバーグの本社から品質管理を担当する専門家を派遣し、ビールの品質が一定のレベルに達しているか否かを調査し確認する。

今までにライセンス契約を締結した企業との間では、２例だけ問題が発生した。この２例についてはライセンス契約を破棄した。ライセンス契約を破棄した理由は、技術的に一定のレベルに達しない状態で、ビールの醸造を続けたため、カールスバーグは責任を持てないと判断し、ライセンス契約を破棄した。

カールスバーグがデンマーク国内でビールを醸造する場合は、大麦の品質に厳しい規制と条件を定めている。しかし、海外でライセンス契約を締結し、ビールを醸造する場合は、品質をコントロールすることが難しい。中国では広東と上海でビール工場を稼働しているが[2)]、ここではオーストラリアから輸入した大麦を使用している。

年次報告書

欧州連合 EU は、EU 圏内の全ての企業に対して、同じスタンダードで決算報告書を作成するよう指導しているが、法律の制定が遅れている。オランダのハイネケンと、デンマークのカールスバーグの決算報告書は、スタンダードが異なるため、会計処理に精通した専門家でなければ、両社の決算報告書を比較対照することは難しい。

カールスバーグの経営陣は、文化的な側面と環境的な側面に配慮した、経営戦略を企画する方針を貫いているため、年次報告書[3)]と決算報告書[3)]の他に、環境報告書[2)]も公表している。

カールスバーグは、世界的な規模でビールの醸造販売をしており、それぞれの国が持っている文化的・社会的・環境的な側面に対して、相当の配慮をしなければならない責任を持っている。

3　デポジット制度

デンマークはビールや炭酸入り清涼飲料水などについて、デポジット制度を導入している。1903年に空き容器を回収して再使用することを目的として、33センチリットル（cL）のビールビンが、初めて市場に登場した。

空きビンの回収率は99.8％であり、高い数値を示している。その理由はデポジット制度を導入しているためである。

写真 9-1

消費者が袋に入れて持参した空き容器を、デポジット容器自動回収機に投入している。

消費者がビールを購入する時は、同時にデポジットを支払う。そのデポジットは、商店に空きビンを返却すると、同額のデポジットが払い戻される（写真 9-1）。消費者が空きビンを商店に返却しないで街中に放置した場合は、子供たちが小遣い稼ぎとして、あるいは、年金生活の人たちが生活費の足しにする目的で、放置した空きビンを回収している。そのようなケースも含めて、空きビンの回収率は99.8％を示している。

33 cLのビールビン1本に対するデポジットは1.5 DKKである。ボトルビールを購入する際は、中身のビール代に加えてデポジットの1.5 DKKを自動的に支払う。そして、飲み終わった後の空きビンを商店に返却すると、デポジットの1.5 DKKが

写真 9-2

空き容器をデポジット容器自動回収機に投入した後、デポジットの金額を印字したデポジット専用のレシートを受け取っている。

戻ってくる。

デポジット制度は、消費者に経済的動機付けを与えることによって、使用済み容器の回収率を高め、資源の有効利用を促進する制度である。デポジット制度の導入は、使い捨て容器であるワンウェイ容器から脱却し、繰り返して使用できるリターナブル容器の普及を図ることを目的としている。

デポジットの付いている容器には、PANT の表示が印刷されている。消費者にデポジットの金額を分かりやすく伝えるため、レジで受け取るレシートには、デポジットの付いている商品名のすぐ下に FLASKEPANT、あるいは、PANT の文字とデポジットの金額を印字している。

商店に設置してあるデポジット容器自動回収機に持参した空き容器を投入すると、デポジットの単価と本数、および、デポジットの合計金額が印字されたデポジット専用のレシートが発行される（写真 9-2）。デポジットの付いていない空き容器、あるいは、国外で購入した商品の空き容器をデポジット容器自動回収機に投入した場合は、デポジット専用のレシートにその本数と単価にゼロが印字される。デポジット専用のレシートをレジで提示すると、同額の現金を受け取ることができるし、商品購入代金の支払いの一部に充当することもできる。デポジット容器自動回収機を設置していない商店では、空き容器をレジへ持参すると、店員がデポジットを計算するシステムになっている。

デポジット制度の導入は、使用済み容器のポイ捨てを抑制する傾向が強まり、また、ポイ捨てされ散乱している使用済み容器を市民が回収する効果があるため、資源や景観の保全に成果を挙げている。

ビール会社は割れたビンや、使い過ぎて劣化したビンも含めて、全ての空きビンを回収している。空きビンの選別ラインは、ハイテクノロジーの写真技術を導入して、個々のビンの状態や品質を判断し、使用に耐えられないビンは取り除き、使用できるビンは再使用している。空きビンの選別ラインで取り除かれた古いビンや壊れたビンは、新しいガラスビンを作る原材料としてマテリアル・リサイクルするために、ガラスビン工場へ送られる。

写真 9-3

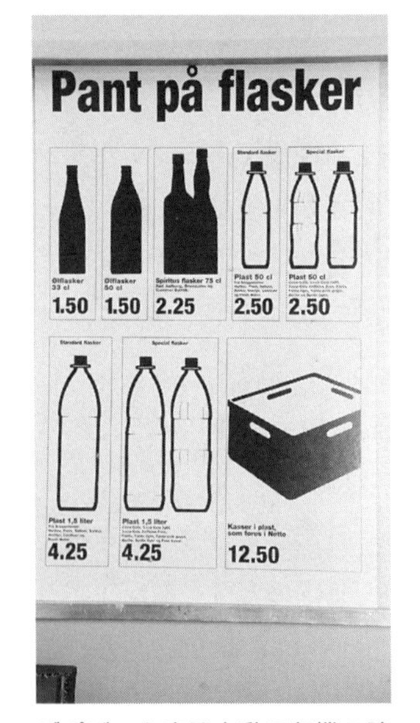

デポジット容器自動回収機の脇に掲示してあるデポジットのパネル。缶容器を用いたビールと炭酸入り清涼飲料水の販売を禁止していたため、デポジットのパネルには缶容器を表示していない。

4　缶容器禁止の解除

デンマークは 1981 年に、缶容器を用いたビールと炭酸入り清涼飲料水の販売を禁止した（写真 9-3・写真 9-4）。消費量の多いビールと炭酸入り清涼飲料水に使い捨ての缶容器を使用すると、空き缶が大量に排出される。したがって、缶容器禁止の措置は、家庭から排出する使い捨ての容器廃棄物を減量化し、化石燃料や鉱物資源などの枯渇性資源を保全する目的で導入したものであり、画期的な環境政策として高い評価を得ていた。

しかし、2002 年 9 月 24 日からは、この缶容器の禁止を解除した。すなわち、デンマーク国内で缶容器を用いたビールと炭酸

写真 9-4

缶容器を用いたビールと炭酸入り清涼飲用水の販売を禁止していたため、ガラスビンやリターナブルのペットボトルがケースに入って並んでいる。

写真 9-5

2002 年 9 月から、ビールと清涼飲料水の缶容器使用禁止措置が解除されたため、ボトルビールと一緒に少しだけ缶ビールが並んでいる。

入り清涼飲料水を販売することが可能になった（写真 9-5）。

多くのデンマーク国民は、缶ビールの購入意欲を持たない。今でも人気の高いガラスビンは、最初にビンを製造すると、その後はビンを回収・洗浄して何回も再使用することができる。この繰り返しで、1 本のガラスビンは約 25 回使われる。ビール会社はガラスビンの形や大きさを統一している。

デンマークが1981年から導入してきた、缶容器を用いたビールと炭酸入り清涼飲料水の販売禁止を解除した最大の理由は、絶大な権力を持つEU委員会が約10年間にわたり、デンマークに対してプレッシャーを掛け続け、それに抵抗できなくなったためである。EU委員会が、このように強硬な姿勢を貫いた理由は、EUに加盟している国々は、商品を自由に流通させることができる自由性を認めているからである。

缶容器禁止措置の解除が導入された後の2002年11月はじめに、カールスバーグのコペンハーゲン・ビール工場を訪問した際、カールスバーグはリターナブル容器を重視する容器戦略に何ら変更はないと述べている。この時点では市場に缶容器が流通してから約5週間を経過していたが、国内販売しているビールに占める缶ビールの割合は、僅かに5％であった。

5　環境保全

カールスバーグのコペンハーゲン・ビール工場は街の中心部に近いところに位置し、その敷地面積は34 haあり、コペンハーゲンの様々な環境問題に大きな影響を与える可能性がある。

カールスバーグはガラスビンが重いという消費者の声に対応するため、1999年8月にビール用のボトルとして世界で初めてリターナブルのポリエチレンナフタレートPEN製のPENボトルを導入した。PENボトルは、ガラスビンの重量に比較して35％減の軽量化を実現し、輸送にともなう環境への配慮が図られている。

水環境

環境に配慮したビール醸造の視点から見ると、1980年代は1Lのビールを醸造するのに10Lの水を使用していた。1990年代には、環境保全に対する配慮が強く求められた結果、1Lのビールを醸造するのに使用する水を5Lに抑制することができた。2000年には、3Lの水があれば、1Lのビールを醸造できるようになった。大量の水を使用してビールを醸造することは、貴重な水資源を浪費するとともに、排水処理の必要な汚水を大量に排出する。したがって、水の使用量を削減することは、環境に良い影響を与える。

1980年代は、水道料金に環境税が課税されていない時代であり、水は安価な資源として、湯水のように使用していた。現在は水の給水と排水の両方に環境税が課税されるため、水は高価な資源に変化した。企業経営の立場からは、原材料費が高価になったことも、環境に対する配慮を推進する一つの要因になった。

デンマークは上水用水源の99％を地下水に依存しているため[4]、カールスバーグは環境保全対策として、ビールの醸造にともなう水の使用量を削減する企業努力を続けてきた。

大気環境　地球温暖化を加速する要因の一つは、自動車から排出される排気ガスである。以前のコペンハーゲン・ビール工場は、1日に500万本のビールを醸造し、それをトラックで輸送していた。現在のビール生産量は1日に200万本である。ビールの生産量を200万本に抑えている理由の一つは、ビールの輸送に使用するトラックの台数を少しでも減らし、排気ガスによる環境負荷を削減するためである。

北海油田の開発にともない、副産物として天然ガスを回収しているため、コペンハーゲン・ビール工場は天然ガスもエネルギー源として使用している。天然ガスは他の化石燃料に比べると、クリーンなエネルギー源である。ここでも環境負荷を削減している。

コペンハーゲン・ビール工場は年間発電量が20 MWの発電施設を備えている。20 MWの発電量の一部を工場で使い、残りの発電量はコペンハーゲン・エネルギー会社に売電している。売電による収益は、水の使用料金にほぼ相当する金額である。

廃水処理　コペンハーゲン・ビール工場から排出する環境に最も大きい負荷を与える廃棄物は、回収した空きビンの洗浄に使用する苛性ソーダ混合溶液の廃液である。空きビンの中には、タバコの吸殻が入っているビンや、消費者がビールビンを化学薬品保存用の容器に利用して、その薬品が残っているビンもあるため、空きビンを注意深く洗浄する必要がある。空きビンを洗浄した後の廃液は、フュン島にある有害化学物質処理工場へ運んで、適正に処理している。

6 税 制 度

2002年9月24日から導入した、缶容器禁止措置の解除にともなう新しいデポジット制度は、同じ容積のビン容器1本と缶容器1本にかかるデポジットを同額にした。

デンマークには、容器に課税する容器課徴金制度がある。ビールビンは大切に使用すると約25回繰り返して使用できるリターナブル容器であり、ビールビンにかかる容器課徴金は、一回当たり25分の1を商品に上乗せしている。他方、缶容器は使い捨てのワンウェイ容器のため、使用した後は回収して溶融する。缶容器に課税する容器課徴金は、1回で全額が上乗せされる。そのため、ボトルビールと缶ビールには、容器課徴金に基づく価格差を生じる。また、消費者が負担するリターナブルのビン容器代と使い捨ての缶容器代についても、大きな価格差を生じる。したがって、缶ビールはボトルビールよりも高額になる。デンマークでは缶容器禁止の解除が導入された後も、缶ビールはほとんど売れていない。

デンマークのビール税が高いことも、間接的には環境に負荷を与えている。例えば、隣国のドイツはビール税がデンマークよりも安い国である。デンマークのビール税は、33 cLのビールに対して0.87 DKKが課税される。他方、ドイツのビール税はDKKに換算すると0.12 DKKになる。また、デンマークの消費税は25 %であるが、ドイツの消費税は16 %である。このように、デンマークとドイツでは、ビール税と消費税に大きな差がある。したがって、ビールはデンマークよりもドイツで購入した方が安く買える。

デンマーク国民がドイツとの国境を僅か50 mだけ越えたドイツ国内へ自動車で出かけ、そこでデンマークに比べて安いビールを大量に購入し、再び自動車でデンマークへ戻って来る。特別の関税が課税されることなく、ドイツからデンマークへ持ち込めるビールの本数は、一人1日2500本まで認めている。これはビジネスとしても成り立つ本数である。

カールスバーグはビールの輸送に関して、使用するトラックの台数をできるだけ削減して、環境に配慮しようと努力しているにもかかわらず、デンマーク国民による自動車を使ったドイツへのビールの買出しは、枯渇性資源を浪費して大気環境に大きな負荷を与えている。カールスバーグは、このようなビールの買出しにともなう環境問題を解決するためにも、デンマークはビール税を下げるべきだと考えている。

●参考文献

1）Carlsberg Research Center, “SEARCH & RESEARCH”, Carlsberg Research Center, 1997.
2）Carlsberg Breweries A/S, “Environmental Report 1998-2000”, Carlsberg Breweries A/S, June 2001.
3）Carlsberg A/S, “Report and Accounts 2001”, Carlsberg A/S, 2002.
4）OECD, “ENVIRONMENTAL PERFORMANCE REVIEWS DENMARK”, OECD, p.50, March 1999.

10章

アルバーツルンの廃棄物行政

1 アルバーツルン

アルバーツルンは、田園地帯が広がっていた昔の面影を随所に残している自治体である。デンマークの首都コペンハーゲンの中心部から15 kmに位置する、人口2万7000人のアルバーツルンは、積極的に廃棄物問題に取り組んでいる。

コペンハーゲンは1947年に、増加した人口を西部地域へ移動させるプランを策定した。このプランは開発地域の形状から「5本の指プラン」と呼ばれており、このプランの中にアルバーツルンが含まれている（図10–1）。

1960年代には、中庭のある集合住宅と呼ばれる白いコンクリート造りの住宅団地が開発され、地域熱供給システムが導入された。集合住宅には、中庭のある集合住宅、テラス式集合住宅、そして、マンション式集合住宅の3種類の住宅形態がある。

2 廃棄物収集システム

① **ごみ分別用戸棚セット**　1980年代後半から、ごみの分別が徐々に進んできた。アルバーツルンのごみ分別モデルは、ごみが発生する場所に近いところ、すなわち、家庭で分別することを基本としている。

市から供給されるごみ分別用戸棚セット（写真10–1・写真10–2）は、家のす

図 10-1　５本の指プラン1)

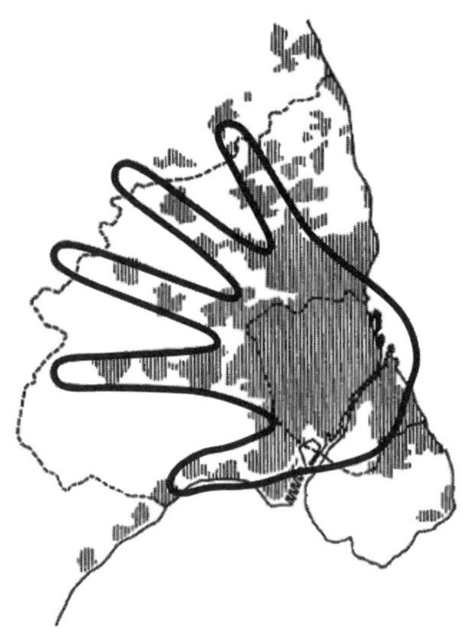

出所：Albertslund Municipality, "Albertslund–a planned town", Albertslund Municipality, 2000.

写真 10-1

一戸建て住宅の脇に置いてあるごみ分別用戸棚セット。

ぐ脇に置いている。大きな茶色の紙袋は日常の家庭ごみ用である。緑色または黒色のプラスチック製小型コンテナは、紙用とガラス用が各１個ずつであるが、必要に応じて小型コンテナの数を増やすことができる。その際は、市へ申し出る。ごみ分別用戸棚セットには、大きな紙袋が1つと小型コンテナが最大で4個入るスペースを確保している。

写真 10-2

テラス式集合住宅の前に設置しているごみ分別用戸棚セット。右側に紙類とガラス類の小型コンテナが各2組見えている。左側の木製ドアを開けると、中には家庭ごみを入れる茶色い紙袋が入っている。新築のテラス式集合住宅は景観に配慮して、木造の小屋の中にごみ分別用戸棚セットを置いてある。

② **環境情報の提供**　環境情報の一つであるごみの収集スケジュールを掲載しているごみカレンダーは、毎年、各世帯へ配布している。一戸建て住宅と集合住宅では、収集システムが異なるため、2種類のごみカレンダーを作成している。

市民に環境情報を伝える方法は、自治体によって異なる。アルバーツルンは、印刷した環境情報を各世帯へ配布する他、インターネットでも提供している。また、地方新聞にページを確保して、そこにも環境情報を掲載している。自治体によっては、インターネットだけで環境情報を提供しているところもある。

一戸建て住宅は、全てのごみを収集しているため、ごみの種類が多くなり、ごみカレンダーが複雑になっている。ごみカレンダーは色の違いによって、毎週の収集、偶数の週に収集、奇数の週に収集するものに分かれている。また、ダンボールと金属は、週に番号が付いていて、その週だけ収集している。

ごみを分別するハンドブックには、できるだけ写真を多用して分かりやすい配慮をしている[2)]。その他には有害ごみ用のリーフレット[3)]、バッテリー用のリーフレット[4)]、ガラス類のリーフレット[5)]を作成して各家庭に配布している。

一戸建て住宅

一戸建て住宅から収集するごみと資源は、紙袋に入れた家庭ごみ、紙類、ガラス類、金属類、庭の植栽ごみ、粗大ごみ、有害ごみ、他である。

写真 10-3

アルバーツルンで最も小さいリサイクル広場。

写真 10-4

一戸建て住宅のリサイクル広場。廃バッテリーの回収コンテナ（正面）、ガラスビンの回収コンテナ（左側）が見える。分別状況を説明するペア・フィッシャー氏。

家庭から出たごみを保管する市内で最も小さい規模のリサイクル広場（写真 10-3）は、一戸建て住宅が 26 世帯の地域にある。市は各家庭からごみを収集して、リサイクル広場へ搬入する（写真 10-4）。

集合住宅

団地の中庭などに設置する大型コンテナは、容積が 660 L でキャスターが付いている。金属とガラス類の他、場所によっては、ダンボールも回収している。

アルバーツルンは市民に環境情報を伝えているが、分別を間違えるケースが多い。全てのコンテナを空にしておくと、最初にごみを持って来た人はごみの種類に関係なく、入口に最も近いコンテナにごみを入れるケースが多い。したがって、次に来た人はコンテナの中を見て、間違った分別を繰り返すことになる。

集合住宅のリサイクル広場は、居住者のボランティアが管理している。アルバーツルンはリサイクル広場からごみや資源を収集していく。

①　**ヘアステッドルン集合住宅**　　ヘアステッドルン集合住宅には、テラス式集合住宅とマンション式集合住宅の２種類の住宅形態がある。

テラス式集合住宅は、一戸建て住宅と同様にごみ分別用戸棚セット（写真10-5）を設置している。それぞれの住宅から収集するごみは、袋に入った家庭ごみと、紙類とガラス類である。

マンション式集合住宅は、棟毎に共同で使用するごみ置き場（写真10-6）を設置している。その他のごみは、リサイクル広場に大型コンテナを設置している。

ヘアステッドルン集合住宅の販売価格は、250万DKK前後である。ここの集合住宅は新しいため、引っ越してきたばかりの居住者が多く、ごみの分

写真10-5

テラス式集合住宅のごみ分別用戸棚セット。ガラスビンの小型コンテナを取り出して説明しているミカエル・カッソウ氏。左側にコンポスターが置いてある。

写真 10-6

マンション式集合住宅の居住者が共同使用するごみ置き場。ダンボールが溢れ（左側）、金属製の粗大ごみが放置されている（右側）。

別に慣れていない人たちが多い。居住者が粗大ごみをごみ置き場に放置しないように張り紙をしているが、一部の居住者は粗大ごみを 100 m 離れているリサイクル広場へ運んで行かないで、ごみ置き場に放置している（写真 10–6）。

② **ヒュレスピイェレット集合住宅**　ヒュレスピイェレット集合住宅は公団団地であり、全て賃貸住宅である。世帯数は約 400 世帯である。

集合住宅から排出するごみや資源の管理は、居住者の一人であるミカエル・カッソウ氏が管理責任者として取り組んでいる。

各家庭とリサイクル広場の中間に位置するごみ置き場は、団地内に 35ヶ所設置している。カッソウ氏には、3人から4人の不特定ボランティアがおり、家庭から出た資源（写真 10–5）をごみ置き場へ搬入し、さらに、ごみ置き場からリサイクル広場へ運んで行く。家具などは非常に重いので、作業姿勢に十分注意しなければならない。

居住者がリサイクル広場へごみや資源を直接搬入する時は、ボランティア・スタッフが、ごみを搬入してきた居住者に対して、どのコンテナに入れるかを丁重に伝えている。

ヒュレスピイェレット集合住宅のリサイクル広場では、様々な種類のごみ

写真 10-7

ヒュレスピイェレット集合住宅のリサイクル広場で説明するミカエル・カッソウ氏。様々なごみと資源を回収している。

や資源を回収している（写真 10-7）。自転車も回収しているので、自転車に趣味のある人は、廃棄された自転車から部品を持ち帰ることができる。居住者が不要になった品物でも、それを使いたい人は持ち帰ることができる。しかし、2 週間から 3 週間を経て、誰も持ち帰らない品物は処分する。

庭で土を掘り起こした人のために、土や砂利を捨てる場所がある。同様にタイルや植栽ごみを捨てる場所がある。庭の植栽ごみは、コンポストにしている。コンポストの置き場は常時開いており、居住者は自由にコンポストを持ち帰ることができる。

アルミ缶、電気コード、ダンボールなどの資源は、リサイクル企業に売却して収入を得ており、その収入はボランティア・スタッフの作業衣の購入などに使われる。

アルバーツルンの仕事は、リサイクル広場からごみや資源が出て行く時に始まる。

団地の居住者自身が、団地単位でごみを収集することは、アルバーツルンの中でヒュレスピイェレット集合住宅が最初の事例である。

カッソウ氏とボランティアの人たちは、リサイクルだけでなく省エネルギーなど、様々な環境問題についてイニシアチブを取っている。例えば、緑地帯を整備する、鶏を飼育する、子供の遊び場を造る、などのユニークな取り組みをおこなっている。同様に、団地内の一棟について、外壁の断熱材を厚くし、太陽熱や風力を利用して、外部からエネルギーを取り入れなくても生活できるユニークなプロジェクトに取り組んでいる。

屋上緑化をしている建物もある。このようなバイキングハウスは、デンマークでほとんど見かけない。土壌や植物が断熱の役割を果たし、季節によって色が変化していく。団地内では植物を建物の外壁に這わせて、断熱効果のテストを実施している。雨水は溜めておいて、植栽の水やりに利用している。

ボランティア・スタッフは、団地内に樹木が何本あるか把握しており、樹木を伐採した時は、新たに植樹をしている。

遊び場は団地内に7ヶ所ある。子供たちが遊ぶ滑り台やブランコの下には、クッション材として樹皮を敷き詰めている（写真10–8）。樹皮は団地内の樹木を伐採して、処理したものである。樹皮は油分を非常に多く含んでいるので、腐敗しにくい。樹皮は時間の経過とともに壊れるため、随時補充するとともに、5年毎に全て入れ替えている。

無料広告や無料新聞を必要としない人は、ドアポストの上にそれぞれのシールを貼っている（写真10–9）。広告は1週間に1 kgから2 kgの量になるため、資源の無駄使いを防ぐ試みである。

写真 10–8

ユニークな形をした遊具が特徴の遊び場には、クッション材として樹皮を敷き詰めている。

写真 10-9

ヒュレスピイェレット集合住宅のドアポスト。無料新聞（左側）と無料チラシ（右側）を入れないように書いたシールが貼ってある。

3　リサイクルステーション

アルバーツルンには、市が運営しているリサイクルステーション「アルバーツルン・ゲンブルッグススタション」が1ヶ所ある。

アルバーツルンは市民にコンポスターを無料で配布しているため、生ごみを混合したごみの回収量が減少している。コンポスターには野菜などを入れて良いが、肉などを入れると臭いや虫が発生する6)。コンポスターには、ミミズを活用している。ペア・フィッシャー氏は自宅でコンポスターを使用しており、普通のミミズとコンポスト用の赤いミミズの2種類のミミズを活用している。コンポスト用の赤いミミズは購入している。

デンマークは国民背番号制度を導入しており、国民はその登録カードを持っている。人々が資源をリサイクルステーションへ搬入する時は、入口ゲートにある登録カード読み取り機でチェックする。アルバーツルンに住んでいる人以外は来てはいけないという意味ではなく、どの地域から来ているのか、一戸建て住宅に居住しているのか、集合住宅なのかを把握するためである。

企業はリサイクルステーションを利用することができる。アルバーツルンは企業が廃棄物を独自に処理するよりは、リサイクルステーションへ搬入した方が、マニュアルに基づいた処理ができると判断している。

リサイクルステーションへ乗り入れる自動車は、最大積載量が規制されている。トレーラーを牽引している場合は、それも含めて3500 kgまでである。

土や粘土は再使用している。コンクリートは、崩して道路の舗装材に利用している。

鉄やアルミはリサイクル企業に売却することで利益を得ている。金属関係の販売価格は、価格が高い時と安い時がある。リサイクルステーションは非営利でなければならないため、販売価格が2倍にも3倍にも変動する金属類の売却益を予測することは困難である。

プラスチックは02や04の材質表示がしてあり、それを市民が読んで分別する。そのため環境教育が大切になる。

アルバーツルンは2009年2月1日より、小型可燃ごみは透明のごみ袋を使用するようにした。ごみ袋の中が見えることにより、様々なメリットがある。例えば、危険物によって作業員の手が傷ついたりしないように予防でき、分別が良くなることで資源再利用を促進できる。これらのメリットを市民に伝え、透明のごみ袋に関するキャンペーン・カードを渡して、協力を求めた。キャンペーン・カードは移民の人たちに配慮して、デンマーク語以外に、ドイツ語、ポーランド語、ロシア語、トルコ語の計5ヶ国語のカードを用意した。

有害ごみの回収場所には、必ず専門担当官を配置して市民にアドバイスをしている。企業が有害ごみを搬入した場合は、証明書を発行している。有害ごみにはペンキ、自動車用バッテリー、洗剤、薬、他が含まれる。

買い替えて不用品になったものを、リサイクルステーションへ搬入してきた人は、その不用品がまだ十分に使用できるものであれば、再使用専用の建物に保管しておき（写真10–10・写真10–11）、それを欲しい人は無料で持ち帰る。リサイクルステーションを見学に来た子供たちには、欲しい物があったら持ち帰るように話している。

唯一の問題は、ここから無料で持ち出したものを、販売する人たちがいることである。新しいテレビを購入した人は、まだ見ることができる古いテレ

写真 10-10

リサイクルステーションは、他の人に利用して欲しい品物を入れておくコーナーを設置している。本、ぬいぐるみ、靴などの小型の品物を保管するコーナー。

写真 10-11

写真 10-10 と同様に、ソファーやタンスなどの大型の品物を保管するコーナー。

ビを捨てることが多い。一部の人たちは、古いテレビを持って来た人の手からテレビを奪い取って行くケースがある。そのため、テレビはブラウン管に傷を付けて（写真 10-12）、商品価値を失うようにしている。

市民が粗大ごみを搬入して来ると、自動車の中の物を盗む人たちがいる。アルバーツルンは市民が被害を受けないようにするため、警備員を配置し、安全を確保している。

写真 10–12

リサイクルステーションから家電製品を持ち出して、商売をする人たちの存在が問題になっている。テレビの持ち出しを防ぐため、ブラウン管に傷を付けてある。

リサイクルできる資源は、リサイクル企業へ売却している。アルバーツルンはリサイクル企業が、契約に基づいてリサイクルしているかどうかを確認するため、現地調査を実施するなど、厳格に対応している。

建設工事を始める時は、工事開始の２週間前までに、アルバーツルンに対して工事現場から排出するごみの種類と予測するごみの発生量を届け出なければならない。同時に、ごみを搬送する企業とリサイクルを委託する企業を届け出なければならない。

環境教育

アルバーツルンのリサイクルステーション運営責任者のイエンス・オーエ・イェンセン氏は、リサイクルステーションにおいて、保育園から中学校までの子供たちに環境教育を実施しており、その回数は１年間で15回に及んでいる（写真 10–13・写真 10–14）。

アルバーツルンは年１回「環境にやさしい日」を設けている。その日はリサイクルステーションで、コンポストや昆虫を無料で配布するため、毎年1500人の人たちがイベントに参加している。エコバッグは、「環境にやさしい日」に集まった人たちに、お土産として渡している。レジ袋を買わないために、エコバッグには「何度も利用して」という言葉をたくさんプリントしている。

写真 10-13

5歳と6歳の保育園児に、ごみとリサイクルの話をするイエンス・オーエ・イェンセン氏（左側）。パネル（正面）やごみ分別用戸棚セット（左側）を活用して、クイズ形式で分かりやすい話をしている。

写真 10-14

保育園児にリサイクルステーションを案内するイエンス・オーエ・イェンセン氏。保育園児と引率の教員は安全ジャケットを着用している。

ドナルドダックは、デンマークの子供たちに最も人気のあるキャラクターである。子供たちの環境教育用として、ドナルドダックを主人公にした冊子を作成している[7]。

「ごみの処理・昔と今」の冊子は、石器時代から始まり、昔の農業社会や街ができ始めた頃の話、また、だんだん街が大きく発展していく状況を説明している[8]。

資料を配布しても、他の広告と一緒に捨てられたら意味がない。布巾は毎日使用するので、布巾に環境情報を印刷し配布している。

4　廃棄物処理費用

一般家庭における付加価値税を含む、年間の廃棄物処理費用は次のとおりである。

1）一戸建て住宅は 4052 DKK。

2）市が提供するごみ分別用戸棚と市による回収がおこなわれる場合は 3098 DKK。

3）集合住宅の中庭などに設置している大型コンテナと市による回収がおこなわれる場合は 2290 DKK。

4）市が提供するごみ分別用戸棚と集合住宅の中間回収場所までは居住者や住宅会社がおこない、市が中間回収場所から回収する場合は 1937 DKK。

5）集合住宅の中庭などに設置している大型コンテナと集合住宅の中間回収場所までは居住者や住宅会社がおこない、市が中間回収場所から回収する場合は 1698 DKK。

アルバーツルンでは、庭の植栽ごみが増えている。市民は庭の樹木を伐採した大きな植栽ごみや、大量の植栽ごみが出ると、市役所にインターネットで連絡する。市は連絡を受けるとクレーン車を使って、無料で回収している(写真 10-15)。このサービスは非常に喜ばれているが、それにともなって経費がかかる。デンマークでこのサービスをしている自治体は非常に少ない。

ごみ処理費用には、固定経費がある。これは人件費や施設費であり、情報活動費も含んでいる。プロジェクトを立ち上げる場合や新しいシステムを導入するには、その情報を市民に伝えるための経費が必要になる。デンマーク語が理解できない人たちが多く住んでいて、環境情報を翻訳する必要が生じた場合は予算を獲得する必要がある。

ごみの収集費用は、ごみの収集方法や住宅の形態、すなわち、一戸建て住

写真 10-15

庭の植栽ごみを歩道に積んで、クレーン車による回収を待っている。

宅か、集合住宅かによって異なる。また、ごみの収集費用は収集したごみを、どのように処理するかによっても異なる。焼却するにも費用がかかるし、不燃ごみは埋立処分場へ搬入するが、それにも費用がかかる。

リサイクルステーションは、1年間に600万DKKの経費を要している。600万DKKの52％は、焼却に要する費用である。企業には600万DKKの27％を課しているが、ごみをリサイクルステーションへ搬入することができる。市民は600万DKKの21％を負担している。

ごみの収集事業は、非営利でおこなっている。

●参考文献

1）Albertslund Municipality, “Albertslund–a planned town”, Albertslund Municipality, 2000.
2）Albertslund Kommune, “Affaldshåndbog, For husstande med parcelhusordning”, Albertslund Kommune, Januar 2003.
3）Albertslund Kommune, “MILJØ BOKSEN”, Albertslund Kommune.
4）Albertslund Kommune, “HIT MED BATTERIERNE”, Albertslund Kommune.
5）Albertslund Kommune, “Klar besked om GLAS”, Albertslund Kommune.
6）Albertslund Kommune, “Kompostering hjemme–sådan lykkes det bedst”, Albertslund Kommune, 2005.
7）“ANDERS AND”, 2007.
8）“AFFALD–før, nu og i fremtiden”.

補章

コペンハーゲンのごみ収集事情

1898年からコペンハーゲンの排せつ物処理やごみ収集に従事してきたR98は、EU統合の負の遺産として、コペンハーゲンとフレデリクスベアの両市民に惜しまれながら、2011年4月30日に操業を停止した。

市民にインタビューすると、R98の時代には、ごみ収集地域の地域区分や、収集時間帯の設定が満足のいくものであったが、R98の解体後はその状況が壊れてしまったことを指摘する声が今でも多く聞かれる。R98の共同経営的な歴史は、デンマークのユニークな伝統が生きており、意義深いものであった。

環境先進国デンマークの首都コペンハーゲンで100年以上にわたって、排せつ物とごみ収集に携わってきたR98の事業には、廃棄物処理に関わる多くの示唆を含んでいる。

R98はすでに操業を停止しているが、長年にわたりコペンハーゲンのごみ収集に取り組んできた事業内容を記録するために、補章に残した。

R98のアドバイザーを務めていたイェス・クーニッグ氏には、再三にわたり、コペンハーゲンの廃棄物処理の現状と問題点をお聞きする機会をセットしていただき、多くのご教示をいただいた。ここに感謝の意を表します。

1　ごみ収集会社R98

R98の歴史

R98は会社の名前が示すとおり、1898年に創業した。コペンハーゲンの不動産所有者が中心になって創業した会社である。創業当時から常にR98は、市民を代表する人たちによって管理運営されてきた。

R98が創業を始めた当時は、下水道が整備されていない時代であった。R98は排せつ物を収集するために創業された会社である。創業時から約60年間にわたり、排せつ物の収集が主な業務であった。その後、下水道が整備されるとともに、排せつ物の収集量が減少したため、家庭のごみを収集するようになった。

R98の経営環境は、2005年に大きな転換期を迎えた。R98がコペンハーゲンおよびフレデリクスベアと結んだ契約期間は、1970年から2020年までである。しかし、2005年に契約を変更しなければならない事態が生じた。

R98は1970年以降において、コペンハーゲンとフレデリクスベアのごみ収集事業を独占してきた。このような独占操業は、EUのアウトソーシングの規定に外れるものであり、契約期間が終了する2020年に固執すると、今後は様々な訴訟が起き、その対応に多大な労力を費やさなければならない。R98はEU統合の負の遺産を受け入れ、契約期間の終了を待つことなく、2011年4月30日に操業を停止した。

R98の組織

R98の代表者会のメンバーは67人である[1)]。メンバーには、不動産所有者、アパートに住んでいる人たちの組合、一戸建て住宅に住んでいる人たちの組合などの民間組織から選ばれた人たちが多数を占めている。その他に、コペンハーゲンから12人、フレデリクスベアから4人が行政側として参加しているが、過半数には程遠い人数である。

役員会のメンバーは12人おり、代表者会のメンバーから選出する[1)]。

関連会社にはR98が株式の100％を所有しているレンホールドやレノフレックス、他がある[1)]。

R98の運営は非営利でおこなわれており、収入と支出のバランスが取れていなければならない。代表者会はR98が利益を出さないように、仕事の内容を常時把握し、会計報告を検討し承認している。代表者会は利益が出そうになると対策を講じている。

全従業員は450人である。そのうちの300人が実際にごみの収集作業に携わっている。特殊技術を持った30人の従業員は、150台ある収集用自動車の保守と修理を担当している。

2　ごみ収集方法

コペンハーゲンとフレデリクスベアの人口は計60万人である。両市にはアパートが30万8000世帯、一戸建て住宅が2万2750世帯あり、その他に小規模ビジネスとして、1階に店舗があり、2階に店主の家族が住み、3階以上はアパートとして機能している建物がある。

ごみ収集の労働環境は、厳しく規制されている。昔のごみ収集作業は、大きなバケツをたくさん担いでおこなっていたが、現在はごみを担ぐことが許可されていない。全てのコンテナには2個または4個のキャスターが付いていて、作業員はコンテナを引っ張っている。

アパートによっては、中庭にごみのコンテナを設置しており、中庭へ行くには、階段を数段昇り降りするアパートがある。作業員はコンテナを担ぐことが許可されていないため、階段にリフトを設置しなければならない。リフトを設置するには約3万DKKの費用がかかるが、その設置費用は居住者が負担する。

コペンハーゲンは歴史のある古い街である。文化財保護の観点から、工事をしてはいけない古い建物があるし、建物の内部構造のために、階段がくねくねと曲がっていて、リフトを取り付けることが不可能な階段があるなど、想像を絶する建物が約300棟ある。

そのような建物は、ごみ収集作業について例外を認めている。その場合、居住者が出すごみは、ごみ袋に入れることが求められる。ごみ袋の大きさは75Lまでである。作業員は幅の狭い細長いごみ袋を、マニュアルどおりに自分の体にピッタリと抱えて運び出す。ごみ袋の中には、鋭利な物が入っているかも知れないため、作業員は防護用エプロンを身に着けている。

ガラスビンは市民が街中にあるイグロへ持って行く(写真 補-1)。コペンハーゲン市内には、イグロが約700ヶ所ある。ガラスビンがコンテナから溢

写真 補-1

街中に設置してあるガラスビン用のイグロ。アルバーツルン廃棄物担当官のペア・フィッシャー氏がガラスビンを投入している。

れて、道路に散乱してはいけないし、半分しか入っていないのに収集するのは効率が悪いため、R98は経験に基づいてタイミングの良い収集日を決めている。

コペンハーゲンだけの特殊な規則であるが、ガラスビンを入れるイグロにペットボトルや飲み物の缶を入れることができる。しかし、ペットボトルや飲み物の缶は、デポジットが付いているため、イグロに入れる市民はほとんどいない。

R98が収集するごみは、2種類に分かれる。第一の種類は一般家庭から出るごみや、下駄履き住宅のような小規模ビジネスから出るごみを収集する。第二の種類は再利用できる資源ごみを収集する。

ごみ収集車の側面には、赤色で描かれたハートとともに、「あなたの廃棄物を分別しましょう。そうすると、環境があなたを愛してくれます」と書いてある（写真 補-2）。

R98はごみと資源ごみを収集するだけである。収集した後の中間処理や最終処分はしていない。

一戸建て住宅

一戸建て住宅の家庭ごみは、1週間に1回の収集をおこなっている。

粗大ごみの収集は、年に4回である。決められた日時に、粗大ごみを道路

写真 補-2

R98 のごみ収集車の側面には「あなたの廃棄物を分別しましょう。そうすると、環境があなたを愛してくれます」と書いてあり、市民に分別を促している。

に出しておくと収集していく。

ダンボールは粗大ごみと一緒に出す。

電器製品の収集は、粗大ごみと同じであるが、粗大ごみとは異なる日程で収集する。

紙類は 240 L のコンテナが支給されている。新聞紙や広告などの紙類は、8 週間毎に収集している。

植栽ごみの収集期間は、3 月 15 日から 10ヶ月間である。コペンハーゲンの冬は非常に寒いため、収集しない期間に育つ植物はほとんどない。収集しない 2ヶ月間に発生する植栽ごみの量は少ないため、市民は収集が始まる 3 月まで保管しておく。植栽ごみを収集するために、各家庭にコンテナを支給している。

庭木の枝を剪定したり、強風で庭のりんごがたくさん落ちた時は、コンテナに入りきらないため、コンテナの隣に枝を束ねておいたり、紙の袋に入れておく。事前に大量の植栽ごみが発生することが分かっている時は、行政に申請すると大型のコンテナが届く。

医薬品や洗剤、そして、ペンキの残りなどの有害ごみの収集日は、地域毎に決まっている。一戸建て住宅に住んでいる人に、赤色のコンテナを支給し

写真 補-3

アルバーツルン廃棄物担当官のペア・フィッシャー氏が、自宅で有害ごみを保管する赤色のコンテナについて説明している。コンテナには蛍光灯やスプレー缶が入っている。

ている（写真 補-3）。有害ごみは赤色のコンテナに入れておき、収集日には庭の木戸の内側の敷地内に置いておくと、作業員が収集していく。有害ごみ以外のごみは、収集日にコンテナを自宅の前へ出しておくが、有害ごみのコンテナは道路上に出しておくと危険なため、作業員が木戸の内側に入って収集する。

アパート

アパートは居住者が多いため、家庭ごみの排出量も多くなる。そのため、家庭ごみの収集を1週間に1回にすると、家庭ごみが溢れてしまうため、1週間に2回、3回、あるいは5回の収集をしている。

粗大ごみの収集は不定期におこなう。粗大ごみを収集日まで保管するには、3つの方法があり、アパートの管理人は居住者に収集方法を説明している。収集方法はアパートによって異なる。第一の方法は、中庭に粗大ごみをそのまま置いておく。第二の方法は、中庭に大きなコンテナを設置して、居住者がそこへ投入する。第三の方法は、中庭に粗大ごみ専用の小屋を建て、居住者がそこへ入れる。管理人はコンテナや小屋が溢れそうになったら、R98へ電話して収集を依頼する。

紙類の収集は、家庭ごみを入れるコンテナの脇に専用のコンテナを置く。それを2週間に1回ずつ収集する。2週間毎の収集で間に合わない場合は、収集回数を増やさないで、コンテナの設置数を増やすことで調整する。

ガラス類はガラス用のコンテナに投入する。中庭に設置したガラス用コンテナは、街中のイグロに比べて容積が半分くらいの小型コンテナである。ガラス用のコンテナは、クレーン車で持ち上げて、底の蓋を開けて収集する。クレーン車が中庭に入ることができない場合は、管理人がガラス用のコンテナを道路まで運び出す。

アパートは共同の緑地帯や中庭があり、植栽ごみがたくさん出る。植栽ごみは1ヶ所に集めておいて、管理人が収集の必要性を感じた時に、R98へ電話して収集を依頼する。

ダンボールは専用のコンテナが置いてあり、2週間に1回ずつ収集する。

有害ごみは中庭に専用の戸棚を設置し、医薬品や洗剤その他の化学薬品、ペンキ、他を分別して入れる。戸棚は安全対策として鍵がかかっている。管理人は、例えば、私は土曜日の午前10時から12時まで戸棚の前にいます、と居住者に連絡しておくと、居住者はその時間帯に有害ごみを持っていく。管理人は有害ごみの戸棚が溢れそうになったら、R98へ電話して収集を依頼する。管理人はR98が企画した有害ごみの講習会に出席して、有害ごみの知識と取り扱い方法を学んでいる。

バッテリーは小型で量も少ないため、紙類の収集にきた作業員が、バッテリー用の小さなコンテナの中を確認して、溢れそうになっていたら、常に持ち歩いている皮製の袋にバッテリーを収集していく。

3　ごみ収集量

R98は、2007年に様々なごみと資源ごみを合わせて31万1000トンを収集した[1)]（表 補-1）。人口一人当たり年間で約500 kgになる。ただし、31万1000トンの中には、小規模ビジネスから排出されるごみを15％から20％

表 補-1　廃棄物の収集[1]

R98は2007年に31万1000トンの廃棄物を収集

品目	量
家庭ごみ	228,300
粗大ごみ	33,100
紙	26,600
植栽	10,000
ガラス	7,000
ダンボール	2,500

(単位：トン)

特殊な廃棄物

品目	量
ポリ塩化ビニール	13
木材	125
家電製品	2,900
有害ごみ	346
ナイトソイル	21
金属	95

出所：プレゼンテーション資料（Visit from Japan the 23rd of March 2009. Welcome to R98 by Jes König.）

含んでいる。

収集するごみや資源ごみは、12分別している[1]（表 補-1）。家庭ごみは収集したごみの77％を占めている。その他には粗大ごみ、紙類、植栽ごみ、ガラス類、ダンボール、プラスチック、防腐剤処理を施した木材、家庭用電器製品、有害ごみ、ナイトソイル（クラインガルテンのトイレは、下水道に接続していないため、排せつ物を収集している）などがある。

R98は家庭ごみ1トンを焼却する費用として、焼却施設へ約500 DKK支払っている。

ある地域に大規模なアパートを建設する計画があると、将来的にはごみの排出量が増加するため、人口増加を予測したごみマスタープランを作成しなければならない。

現在のように、景気が悪化すると粗大ごみは極端に減少する。家具を取り替える人が減るし、自宅のリフォームを止める人が出るためである。

4　ごみ収集料金

ごみの収集料金は、市議会で承認を得なければならない。その過程でR98は市に対して、収集するごみの種類と量、そして、収集条件を基にして算出したごみ収集料金の見積りを提出する。

市はR98のごみ収集料金の見積りをそのまま市議会へ提出するか、あるいは、見積り以上の料金にするか、または、見積り以下の料金にするか判断する。市はR98が提出したごみ収集料金の見積りが高過ぎると判断した場合は、収集料金を下げて市議会の承認を得ることも可能であるが、その場合は恐らく赤字になる。赤字が出た場合は、その赤字分を市が負担しなければならない条件が付いているため、市はR98の見積りを市議会に提出することになる。市は最近の5年間において、R98の見積りを変更しないで、市議会に提出している。

アパートでは中庭に通じる階段を昇り降りして、家庭ごみを収集することが多い。その場合は時間がかかり、防護用エプロンの費用もかかり、作業員にとっても非常に大きな負担になるため、それに見合うごみ収集料金を請求する。請求書はごみの収集を依頼した人に対して発行する。レストランなどは、ごみ収集料金を料理の価格に上乗せすることができるが、住宅として住んでいる人は、他に転換することができない。コペンハーゲンの由緒ある地域に住む人にとっては、ごみ収集料金が非常に高額になることがある。

アパートは全世帯でコンテナを共有しているが、一戸建て住宅は1世帯でコンテナを使用する。コンテナの容積は異なるが、ごみ収集料金の平均は、アパートに住んでいる人の方が、一戸建て住宅の人よりも安くなる。

100 m^2 の住宅に住んでいる場合のごみ収集料金を計算すると、一戸建て住宅に住んでいる人は、基本料金の500 DKKを含めて、1世帯で年間に約3000 DKKの収集料金を負担する。同様に、アパートの居住者は、1世帯で約1200 DKKの負担になる。アパートのごみ収集料金は、一週間当たりに換算すると、約23 DKKである。例えは良くないが、タバコ1箱の価格が32 DKKであるから、ごみの収集料金は非常に安価である。

ごみ収集料金が安価なため、ごみを分別して、できるだけ安い料金で収集してもらうことを考えない人たちが多くいる。ごみは分別しないで同じコンテナに入れた方が、簡単だと考えてしまう。

ごみ収集料金は、不動産税の中に含まれている。一戸建て住宅に住んでいる人は、不動産税に関する明細書が送られてくる。その中にごみの収集料金が明記されている。ごみの収集料金のためにだけ、請求書を発行することはしない。

アパートの場合は、アパートの所有者にごみ収集料金を請求する。アパートの所有者は、ごみ収集料金を家賃に含めて居住者に割り当てる。

市民の対応

R98は任意の住宅地を選んで、そこから収集された家庭ごみを調査したことがある。その結果、家庭ごみの中に資源ごみである紙類やダンボールが混入していた。これらの資源ごみは個々の収集方法が規定されているにもかかわらず、家庭ごみの中に含まれていた。

R98は15年以上にわたって市民にごみの分別を求めてきたが、デンマーク人は分別をしない人が多い。これは今後の課題である。

経済的なことを考えると、市民は家庭ごみに対して収集料金を支払う。資源ごみは分別収集をしているが、収集料金は住居の広さで一律に決まる。それにもかかわらず、有料の家庭ごみのコンテナの中に、資源ごみをたくさん入れている現状がある。

家庭ごみの収集料金は1トン当たり1415 DKKである[1)]（表 補-2）。

ごみの収集料金の設定は、収集するのに非常に費用のかかるところは、それなりにごみを出す人に負担してもらう。例えば、階段がたくさんあるところや、長い距離を歩く場合である。これは家庭ごみの収集料金だけに適用している。

家庭ごみ以外の収集料金は、住宅の広さによって、基本料金を決めている。一戸建て住宅に住んでいても、アパートに住んでいても、1 m^2 当たりの基本料金は4.09 DKKであるから、100 m^2 の住宅に住んでいる人は、1年間の

表 補-2　廃棄物の収集―基準原価計算[1)]―

廃棄物区分	2007年のDKK／トン（処理費用を含む）
家庭ごみ	1,415
紙	693
粗大ごみ	1,853
有害ごみ	24,317

出所：プレゼンテーション資料（Visit from Japan the 23rd of March 2009. Welcome to R98 by Jes König.）

基本料金は 409 DKK である。これに付加価値税がかかるので、約 500 DKK になる。100 m^2 の住居に住んでいる人は、家庭ごみ以外の物、すなわち、粗大ごみ、ガラス類、紙類、金属類、その他の様々な物を含めた料金が、約 500 DKK になる。家庭ごみ以外の収集料金は、ごみを出しても出さなくても請求される。したがって、浪費家の人はごみをたくさん出し、質素な生活をしている人はごみが少ないため、基本料金の考え方は不公平である。

アパートのごみ収集料金の計算方法

例えば、家庭ごみのコンテナが 4 個あり、コンテナを置く場所が 4ヶ所あり、コンテナ 1 個の容積が 600 L として、1 週間に 2 回収集に来ると仮定する（写真 補-4）。その度に 2400 L のごみを収集すると、1 週間に 4800 L 収集することになる。ごみ収集料金の計算方法は、次の 4 つの要素がある。

1）コンテナを置いている場所がいくつあるかによる。全部同じ所に置いてあれば、コンテナが4個あっても、作業員は同じ所へ行くことになる。
2）100 L ずつの基本料金が決まっている。ここのアパートは 4800 L であるから、48 倍する。
3）コンテナの料金が加算される。コンテナは 4 個あるから、料金は 4 倍

写真 補-4

アパートにおける家庭ごみの収集料金の計算方法を説明する、R98 のアドバイザーを務めるイェス・クーニッグ氏。

になる。

4）15 m 以上歩かなければならない所は、余剰の 1 m 毎に料金を加算する。

600 L のコンテナでなく、300 L のコンテナが 2 個欲しい人もいる。容量が同じでも、収集する作業員にとっては、コンテナを 2 つに分けた場合は、2 往復しなければならないため、料金が高くなる。

●参考文献

1）プレゼンテーション資料（Visit from Japan the 23rd of March 2009. Welcome to R98 by Jes König.）

資料Ⅲ-1

左側から順に歩道、自転車レーン、自動車道路に分かれており、安全を確保するため、それぞれ段差を設けている。自動車はドアを開けると、自転車レーンに開くため、後方を見て自転車が来ていないことを確認する必要がある。

資料Ⅲ-2

自転車レーンの右折レーン（左側）と直進レーン（右側）の分岐点。自動車道路と自転車レーンが交差しているため、自転車レーンの路面は、自転車レーンを表す青色に塗り、自動車の運転手に注意を喚起している。

資料Ⅲ-3

自転車レーン上の細い白線は自転車の停止線、太い白線は横断歩道。道路交通法は、路線バスが停留所に停車している時、自転車は停止線で停まるように規定しているが、ほとんど守られていない。

資料Ⅲ-4

サイクルトレインの乗降風景。ローカル線の各車両には、自転車、車椅子、ベビーカーの優先ドアが１ヶ所ある。車両には自転車の大きなマークと車椅子そしてベビーカーのマークが描かれている。開いているドアにも自転車のマークが見える。

資料Ⅲ-5

リサイクルセンター。赤色のユニホームを着た職員は、市民が搬入した廃棄物の荷降ろしと分別を手伝っている。

資料Ⅲ-6

搬入者がまだ使用できると判断した品物は、屋根付きのスペースへ運び、欲しい人は無料で持ち帰ることができる。

資料Ⅲ-7

水深の浅い運河に、自転車や他の粗大ごみを投棄すると、船舶の航行に支障を生じるため、廃棄物の回収作業を実施している。船上には回収した自転車やタイヤが積まれている。

資料Ⅲ-8

売り場面積の狭いコンビニエンス・ストアーでも、キャンディーの量り売りをしている。キャンディーを入れる紙袋は、陳列棚の一番上に置いてある。

資料Ⅲ-9

レジの台の下に有料のレジ袋が置いてある。レジ袋の必要な人は、商品と一緒に購入する。レジ袋は紙製とプラスチック製の2種類があり、リサイクルの難しいプラスチック製のレジ袋は、紙製に比べて高額である。

資料Ⅲ-10

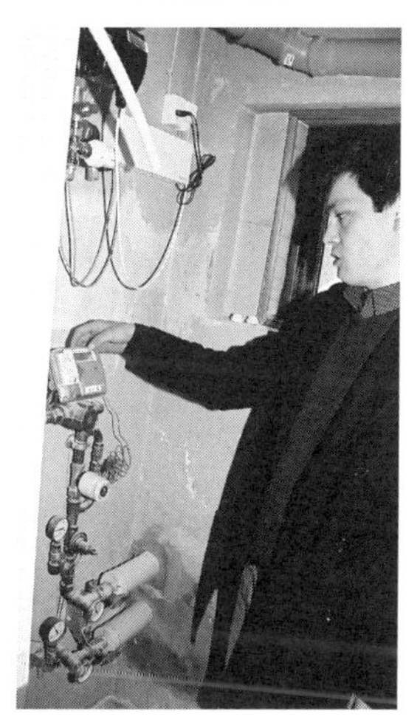

ペア・フィッシャー氏の地下室に設置してある、地域熱供給システムの熱量計。

資料Ⅲ-11

住宅地の道路に設置してあるスピードブレーカー。自動車の速度を抑制し、住民の安全を確保している。

資料Ⅲ-12

車椅子の利用者や足腰の弱い人たちは、段差があると移動が不自由になる。スロープは負担が大きいため、リフトの設置を義務付けている。重い荷物を運ぶ人たちもリフトを利用している。

資料Ⅲ-13

トイレのドア全面に描かれた女性用トイレのマーク。視力の弱い人や遠くの人にも、マークが良く見える。

資料Ⅲ-14

カールスバーグのコペンハーゲン・ビール工場にある人魚姫の像。カールスバーグ創立者の遺言にある、「芸術の発展に寄与する」ことを受け、息子のカール・ヤコブセンは人魚姫の像の製作を依頼し、そのレプリカをコペンハーゲンに寄贈した。人魚姫の像のレプリカは、コペンハーゲン港のランゲルニエ地区に置かれており、コペンハーゲンの観光シンボルになっている。

索　引

●ア　行●

●カ　行●

●サ　行●

●タ　行●

●ナ　行●

●ハ　行●

●マ　行●

【著者紹介】

長谷川　三雄（はせがわ　みつお）

1951年生まれ。
日本大学大学院工学研究科修士課程修了。
現在、国士舘大学政経学部教授、日本大学工学部非常勤講師、環境省環境カウンセラー（市民部門）、埼玉県環境アドバイザー。
ヨーロッパや北欧の環境先進国が取り組んでいる予防原則に基づいた「人にやさしい都市（まち）づくり」の調査研究に従事。テキサス大学オースチン校客員研究員（1991年～1992年）、富士見市環境審議会会長（2002年～2011年）、首都圏西部大学単位互換共同授業「環境と生活」コーディネーター（2004年～2006年）等を歴任。
主な著書に『人間と地球環境』（産業図書、1996年）、『写真で見る環境問題』（成文堂、2001年）。

人にやさしい都市（まち）づくり
―環境先進国の取り組み―

2016年12月26日　第1版1刷発行
2019年 9 月 5 日　第1版2刷発行

著　者―長谷川三雄
発行者―森口恵美子
印刷所―美研プリンティング（株）
製本所―（株）グリーン
発行所―八千代出版株式会社

〒101-0061　東京都千代田区神田三崎町2-2-13
TEL　03-3262-0420
FAX　03-3237-0723
振替　00190-4-168060

＊定価はカバーに表示してあります。
＊落丁・乱丁本はお取替えいたします。

ISBN978-4-8429-1691-0